固体中能量电子的输运
——计算机仿真及其在材料分析和表征中的应用

Transport of Energetic Electrons in Solids
Computer Simulation with Applications to
Materials Analysis and Characterization

［意］毛里奇奥·戴普瑞（Maurizio Dapor） 著

张娜 崔万照 王芳 译

国防工业出版社

·北京·

著作权合同登记　图字:军-2015-277号

图书在版编目（CIP）数据

固体中能量电子的输运:计算机仿真及其在材料分析和
表征中的应用/(意)毛里奇奥·戴普瑞(Maurizio Dapor)著;
张娜等译.—北京:国防工业出版社,2017.1
书名原文:Transport of Energetic Electrons in Solids:
Computer Simulation with Applications to Materials Analysis
and Characterization
ISBN 978-7-118-10948-1

Ⅰ.①固… Ⅱ.①毛… ②张… Ⅲ.①固体—电子
运动—研究 Ⅳ.①TN101

中国版本图书馆 CIP 数据核字(2016)第 275883 号

※

国防工业出版社 出版发行
(北京市海淀区紫竹院南路 23 号　邮政编码 100048)
三河市众誉天成印务有限公司印刷
新华书店经售

*

开本 710×1000　1/16　印张 8¼　字数 152 千字
2017 年 1 月第 1 版第 1 次印刷　印数 1—2000 册　定价 68.00 元

（本书如有印装错误,我社负责调换）

国防书店:(010)88540777　　发行邮购:(010)88540776
发行传真:(010)88540755　　发行业务:(010)88540717

PREFACE | 译者序

电子束与材料的相互作用是物理电子学科中非常重要的研究内容,其所产生的信息是表征材料化学和成分特性的有效手段,同时所涵盖的二次电子发射现象在加速器、高功率微波源、空间大功率微波器件、卫星表面充放电等领域得到了广泛关注。

蒙特卡罗方法是研究电子与固体相互作用的有效方法,本书介绍了电子与材料相互作用的物理现象,清晰地阐述了相互作用过程的各种散射机制及散射截面,给出了背散射电子和二次电子的发射系数、二次电子能谱等关键参数的具体的模拟仿真,是适合物理电子学领域相关研究人员使用的理想著作。

全书共分为13章,其中第1章、第6章、第8~12章由张娜翻译,第2~5章和第7章由王芳翻译,第13章由崔万照翻译,张娜、王芳对全书进行了审校,张娜对全书进行了统稿。

本书能够出版,感谢中国空间技术研究院西安分院的大力支持。译者在繁忙的工作、学业之余,能够译成本书,特别感谢空间微波技术重点实验室营造的氛围和工作环境。感谢西安交通大学曹猛老师在翻译中给予的专业指导。同时也感谢空间微波技术重点实验室的同事们,尤其是白春江、封国宝、王瑞、胡天存、李韵、王新波、谢贵柏等人,感谢他们参与部分书稿的审校与讨论。本书还得到了国家自然科学基金项目(U1537211)和空间微波技术重点实验室基金(9140C530101130C53013、9140C530101140C53231)的资助。

由于译者水平有限,书中难免有疏漏与不妥之处,恳请广大读者批评指正。

译 者
2016 年 8 月

FOREWORD | 前言

在现代物理中,我们感兴趣的是多维自由度的系统。例如固体中原子的数目、原子中电子的数目或者与固体中许多原子和电子相互作用的束流中的电子的数目。

在许多情况下,这些系统都可以通过计算高维的定积分来描述。例如,温度 T 下多原子气体的经典配分函数的计算。蒙特卡罗方法通过横坐标上的随机抽样来估算被积函数,为我们提供了一种计算高维定积分的精确方法。

在研究粒子束与固体靶材相互作用时,蒙特卡罗方法还可以用来计算许多重要的物理量。基于随机采样方法对相关物理过程进行模拟,可以解决许多粒子输运问题。考虑单次碰撞效应的粒子以伪随机路径行进,则可精确地分析扩散过程。

本书致力于研究电子束与固体靶材的相互作用。作为本领域的研究者,相信本书对于学习数千伏的电子在固体中的输运过程是非常有帮助的。对于初学者而言,从大量的文献中理出头绪并对其进行详尽研究是一件不容易的事情。

蒙特卡罗模拟是研究电子与固体相互作用的相关物理量的最有力的理论方法。它是一种理想的实验。虽然模拟本身并不研究相互作用的基本原理,但是了解这些原理,对于实现好的模拟过程,尤其是能量损失和角度偏转现象,则很有必要。

相对于该领域的许多其它论著(包括 2003 年作者在 Springer – Verlag 出版的《Electron – Beam Interactions with Solids》一书),本书在以下两方面进行了修正:

(1) 本书系统地缩减了较难理论部分的数学内容。这部分内容的核心概念是散射截面的计算,为简单起见,删除了许多数学上的细节。对能量损失和角度偏转的理论部分进行了简化:给出了计算阻止本领、微分非弹性平均自由程的倒数及微分弹性散射截面的简单方案。这同时避免了描述深奥的量子理论。相关的数学内容和细节可以查找附录、作者之前的专著及其他现代物理和量子力学的书籍。

（2）为了让初学者在固体中电子的输运方面打下坚实的基础，本书在推导和使用简单的理论输运模型时增加了很多细节描述。这只有通过逐步的解析公式推导才能获得。

评估蒙特卡罗程序质量的基本方法是将模拟结果与现有的实验数据进行比较。本书后半部分给出了数千伏电子在固体中输运的蒙特卡罗方法的应用。本书对计算的模拟结果与实验数据进行了比较，以期为读者提供更全面的视角。

Maurizio Dapor

2013 年 10 月于波沃

致　谢

非常感谢我的妻子、我们可爱的孩子及拥有无限耐心的父母,感谢他们慷慨的奉献及长期以来的支持。

此外,我还想感谢很多人,我的朋友、同事,感谢他们对于本书给出的成果所付出的热情,提供的宝贵建议、想法和技能。

我想向 Diego Bisero,Lucia Calliari,Giovanni Garberoglio 和 Simone Taioli 表示衷心的谢意。感谢他们给予诚挚的友谊、鼓励和优秀的学术建议。

同时,我衷心地感谢以下所有的研究者,在他们的帮助下本书才得以完成:Nicola Bazzanella,Eric Bosch,Mauro Ciappa,Michele Crivellari,Sergey Fanchenko,Wolfgang Fichtner,Massimiliano Filippi,Stefano Gialanella,Stephan Holzer,Emre Ilgüsatiroglu,Beverley J. Inkson,Mark A. E. Jepson,Alexander Koschik,Antonio Miotello,Francesco Pederiva,Cornelia Rodenburg,John M. Rodenburg,Manoranjan Sarkar,Paolo Scardi,Giorgina Scarduelli,Siegfried Schmauder,Stefano Simonucci,Laura Toniutti,Chia – Kuang (Frank) Tsung 和 Wolfram Weise。

感谢特伦托多学科交叉计算科学实验室(LISC)的所有同事们,感谢他们富有成效的讨论。感谢 LISC 的激励氛围为本书提供了理想的工作环境。

我衷心地感谢 Maria Del Huerto Flammia 在校稿上提供的专业帮助及对本书文字的改进。

我还想感谢谢菲尔德大学的工程材料系、苏黎世的瑞士联邦理工学院(ETH)的集成系统实验室提供的热情帮助。本书得到了国家核物理研究所(INFN)在布鲁诺·凯斯勒基金(FBK)"高性能计算"合同的支持。

CONTENTS ｜目录

第 1 章　电子在固体中的输运 ································ 1

1.1　电子束与固体的相互作用 ························ 1

1.2　电子能量损失峰 ······························ 3

1.3　俄歇电子峰 ································· 4

1.4　二次电子峰 ································· 4

1.5　材料的表征 ································· 5

1.6　小结 ····································· 5

参考文献 ····································· 6

第 2 章　散射截面:基本原理 ··························· 8

2.1　散射截面和散射概率 ·························· 9

2.2　阻止本领和非弹性散射平均自由程 ················· 10

2.3　射程 ····································· 11

2.4　能量歧离 ·································· 11

2.5　小结 ····································· 12

参考文献 ····································· 12

第 3 章　散射机制 ································· 13

3.1　弹性散射 ·································· 13

　3.1.1　Mott 散射截面与屏蔽卢瑟福散射截面 ··········· 14

3.2　准弹性散射 ································ 19

　3.2.1　电子－声子相互作用 ···················· 19

3.3　非弹性散射 ································ 19

　3.3.1　阻止本领:Bethe－Bloch 公式 ··············· 20

　3.3.2　阻止本领:半经验公式 ···················· 20

　3.3.3　介电理论 ··························· 21

3.3.4　Drude 函数之和 ·············· 26

3.3.5　极化子效应 ··············· 29

3.4　非弹性散射平均自由程 ················ 30

3.5　界面现象 ····················· 31

3.6　小结 ····················· 34

参考文献 ······················· 34

第 4 章　随机数 ················· 36

4.1　伪随机数的产生 ················ 36

4.2　伪随机数发生器的测试 ·············· 37

4.3　基于给定概率密度的伪随机数分布 ············ 37

4.4　区间 $[a,b]$ 内均匀分布的伪随机数 ········· 37

4.5　基于泊松概率密度的伪随机数分布 ··········· 38

4.6　基于高斯概率密度的伪随机数分布 ··········· 38

4.7　小结 ····················· 39

参考文献 ······················· 39

第 5 章　蒙特卡罗策略 ············· 40

5.1　连续慢化近似 ················· 40

5.1.1　步长 ················· 41

5.1.2　沉积层与衬底的界面 ··········· 41

5.1.3　散射极角 ··············· 41

5.1.4　上一次偏转后电子的方向 ········· 42

5.1.5　能量损失 ··············· 42

5.1.6　轨迹的结束和轨迹的数目 ········· 43

5.2　能量歧离策略 ················· 43

5.2.1　步长 ················· 43

5.2.2　弹性和非弹性散射 ··········· 44

5.2.3　电子 – 电子散射:散射角 ········· 45

5.2.4　电子 – 声子散射:散射角 ········· 46

5.2.5　上一次偏转后电子的方向 ········· 46

5.2.6　透射系数 ··············· 46

5.2.7　与表面距离相关的非弹性散射 ········ 48

5.2.8　轨迹的结束和轨迹的数目 ········· 50

5.3　小结 ·· 50

　　　参考文献 ·· 50

第6章　背散射系数 ·· 52

6.1　固体靶材的背散射电子 ··· 52

　　6.1.1　采用介电理论(Ashley 阻止本领)计算碳和铝的

　　　　　背散射系数 ··· 53

　　6.1.2　采用介电理论(Tanuma 等阻止本领)计算硅、

　　　　　铜和金的背散射系数 ··· 53

6.2　半无限衬底上单沉积层的背散射电子 ·· 55

　　6.2.1　碳沉积层(Ashley 阻止本领) ·· 55

　　6.2.2　金沉积层(Kanaya 和 Okayama 阻止本领) ························· 56

6.3　半无限衬底上双沉积层的背散射电子 ·· 58

6.4　电子与正电子背散射系数和深度分布的比较 ···································· 62

6.5　小结 ·· 63

　　　参考文献 ·· 64

第7章　二次电子发射系数 ·· 65

7.1　二次电子发射 ··· 65

7.2　研究二次电子发射的蒙特卡罗方法 ··· 66

7.3　研究二次电子的特定蒙特卡罗方法 ··· 66

　　7.3.1　连续慢化近似(CSDA) ·· 66

　　7.3.2　能量歧离(ES) ·· 67

7.4　二次电子发射系数:PMMA 和 Al$_2$O$_3$ ··· 68

　　7.4.1　二次电子发射系数和能量的函数关系 ······························· 68

　　7.4.2　ES 策略与实验的比较 ·· 68

　　7.4.3　CSDA 与 ES 策略的比较 ·· 69

　　7.4.4　CSDA 策略与实验的比较 ·· 70

　　7.4.5　CPU 时间 ··· 72

7.5　小结 ·· 73

　　　参考文献 ·· 73

第8章　二次电子能量分布 ·· 75

8.1　能谱的蒙特卡罗模拟 ··· 75

8.2　等离激元损失和电子能量损失谱 ································ 77

　　8.2.1　石墨的等离激元损失 ································ 77

　　8.2.2　SiO_2 的等离激元损失 ································ 78

8.3　俄歇电子的能量损失 ································ 79

8.4　电子能谱的弹性峰 ································ 80

8.5　二次电子能谱 ································ 81

　　8.5.1　二次电子的初始极角及方位角 ················ 81

　　8.5.2　理论和实验数据的比较 ························ 82

8.6　小结 ································ 85

参考文献 ································ 85

第 9 章　应用 ································ 87

9.1　临界尺度 SEM 的线宽测量 ························ 87

　　9.1.1　CD SEM 中的纳米测量和线宽测量 ········· 87

　　9.1.2　横向和深度分布 ································ 88

　　9.1.3　以入射角为函数的二次电子发射系数 ········· 88

　　9.1.4　硅平台的线扫描 ································ 89

　　9.1.5　硅衬底上 PMMA 线的线扫描 ·················· 90

9.2　在能量选择扫描电子显微镜中的应用 ·············· 90

　　9.2.1　掺杂衬度 ································ 90

　　9.2.2　能量选择扫描电子显微镜 ···················· 91

9.3　小结 ································ 92

参考文献 ································ 92

第 10 章　附录 A:Mott 理论 ························ 94

10.1　相对论分波展开法 ································ 94

10.2　Mott 截面的解析近似 ···························· 96

10.3　原子势 ································ 96

10.4　电子交换 ································ 97

10.5　固态效应 ································ 97

10.6　正电子微分弹性散射截面 ························ 97

10.7　小结 ································ 98

参考文献 ································ 98

第 11 章　附录 B：Fröhlich 理论 ·············· 99

　11.1　晶格场中的电子：哈密顿互作用 ·········· 99

　11.2　电子 – 声子散射截面 ················· 101

　11.3　小结 ·························· 106

　参考文献 ·························· 106

第 12 章　附录 C：Ritchie 理论 ·············· 107

　12.1　能量损失和介电函数 ················· 107

　12.2　均匀各向同性固体 ·················· 109

　12.3　小结 ·························· 110

　参考文献 ·························· 111

第 13 章　附录 D：Chen、Kwei 和 Li 等人的理论 ······· 112

　13.1　出射和入射电子 ··················· 112

　13.2　非弹性散射的概率 ·················· 112

　13.3　小结 ·························· 114

　参考文献 ·························· 114

索引 ···························· 115

第1章
电子在固体中的输运

在粒子束与固体相互作用的研究中,蒙特卡罗(Monte Carlo,MC)方法可用于评估许多重要的物理量。在很多分析技术中,背散射电子和二次电子的研究尤其受到关注。深入了解背散射电子和二次电子发射之前的过程有助于更好地理解表面物理。

1.1 电子束与固体的相互作用

电子在固体内的行进过程中,与固体中原子的每一次碰撞都会引起能量的损失和方向的改变。由于电子和原子核质量相差很大,因此原子核使电子发生偏转,而电子的动能转移的非常少。这一过程由微分弹性散射截面(可由所谓的相对论分波展开法相当于 Mott 截面[1])计算描述。对于高能电子和低原子序数的靶原子,其满足一阶玻恩近似条件,此时 Mott 截面可以采用屏蔽卢瑟福(Rutherford)公式近似。此外,靶原子中电子的激发和发射、等离激元的激发均会引起入射电子能量的损失。这些过程对于入射电子方向影响很小,因此称为非弹性事件。等离激元的激发可以通过微分非弹性平均自由程的倒数所满足的方程描述,由 Ritchie 的介电理论[2]计算。Fröhlich 理论[3]可用于描述绝缘体材料中电子–声子间的准弹性相互作用。相对于等离激元的能量损失来说,电子–声子相互作用引起的能量转移非常小,可以认为是准弹性散射。在绝缘材料中,电子的动能显著减小,因此需要考虑由极化子效应引起的捕获现象[4]。

当电子动能高于 10keV 时,采用卢瑟福微分弹性散射截面(弹性散射)和 Bethe – Bloch 阻止本领公式或半经验阻止本领①公式(非弹性散射),MC 模拟可

---

① 本书采用阻止本领代替阻止力,表明电子在固体中行进单位距离损失的能量。尽管采用文献中的阻止力的表达式具有单位一致性和更高的精度。如 Sigmund[6] 所述,随着阻止本领的术语近一百年的使用,阻止力已经很少出现了。

以给出很好的结果；但是，当电子能量远小于 5keV 时，这也就是二次电子发射的条件，蒙特卡罗模拟就失效了[5]。这是由很多因素导致的，但最重要的是以下三个方面的因素：

（1）卢瑟福公式是一阶玻恩近似的结果，它是一个高能近似。

（2）同样，Bethe – Bloch 公式也只有在能量非常高时才有效，特别是当电子能量 E 小于平均电离能 I 时，Bethe – Bloch 阻止本领并不能给出正确的结果。随着 E 接近于 $I/1.166$，计算结果达到最大然后趋于 0。当 $E < I/1.166$ 时，计算的阻止本领将为负值。使用半经验公式有时候可以修正这一问题。实际上，低能弹性散射过程的计算必须借助基于介电函数的数值方法，该介电函数是能量损失和动量转移的函数。

（3）在 MC 代码中引入阻止本领，相当于使用所谓的连续慢化近似（Continuous-slowing-down approximation，CSDA）。这种描述能量损失的方法实际上完全忽略了电子在数次非弹性碰撞中的能量损失。有时候电子甚至会在单次碰撞中损失所有的能量。换句话说，任何描述电子实际轨迹的模型在描述电子能量损失时都不应该使用连续近似。只有当所涉及的问题并不关注能量损失机制的具体细节时，才能（此时本书也会）使用 CSDA。例如，在计算背散射系数时会使用 CSDA。在某些特殊情况，甚至在计算二次电子发射系数时也会使用 CSDA。相反，当描述出射电子（背散射电子和二次电子）能量分布时，计算中就不能使用能量的连续近似而必须包含能量歧离（energy straygling，ES）——电子在固体中行进时因每次能量损失的不同而引起的能量损失的统计涨落。

研究二次电子的散射过程需要精确地处理低能弹性散射和非弹性散射，并适当地考虑能量歧离。二次电子的整个级联过程都需要进行追踪，任何的截断或截止均会导致对二次电子发射系数估计过低。此外，如前所述，当电子能量变得很小时（低于 10 ~20eV），绝缘材料内的能量损失的主要机制并不局限于电子 – 电子间的相互作用，电子与其他粒子或准粒子间的非弹性作用也会影响电子的能量损失。特别是当电子能量非常低时，由于电子 – 极化子间相互作用（极化子效应）和电子 – 声子间相互作用引起的陷阱现象将成为能量损失的主要机制。对于电子 – 声子间相互作用，甚至需要考虑声子的湮灭和相应的电子能量增加。实际中通常忽略电子能量的增加，因为它们发生的概率非常小，任何情况下远小于声子产生的概率。

总的来说，由于与样品原子的相互作用，入射电子发生散射且能量损失，其方向和动能均发生变化。通常把碰撞事件分为三种不同的类型：弹性碰撞（与原子核散射）、准弹性碰撞（与声子散射）和非弹性碰撞（与原子中电子和极化子效应引起的陷阱散射）。

1.2　电子能量损失峰

电子能量损失谱探讨入射电子损失能量的基本过程,入射电子所损失的能量可以表征靶材的特性[2,7−22,24−27]。电子能谱代表了电子与靶材相互作用后,以能量为函数的出射电子数目。能谱可以表示为电子能量的函数或者电子能量损失的函数。在第二种情况中,能谱左边的第一个峰位于零能量损失处,即零能量损失峰,也就是众所周知的弹性峰。在弹性峰中,包含了在透射电子能量损失谱(TEELS)中所有的透射电子,或者在反射电子能量损失谱(REELS)中所有的背散射电子,这些过程均没有任何明显的能量损失,即弹性峰包括了没有任何能量损失的电子,也包括了与声子(由于能量转移非常小,因此不能采用传统的光谱计通过实验分辨)经过一次或多次准弹性碰撞的透射电子或背散射电子。在TEELS中,弹性峰包括了所有没有发生散射的电子,也就是说这些电子在靶材的行进过程中没有发生任何偏转和能量损失。

实际上,弹性峰的电子能量存在轻微的损失,这是由于反冲动能转移到了样品的原子中。弹性峰电子谱(EPES)是用于分析弹性峰线形的技术[28,29]。由于较轻的元素表现出了较大的能量偏移,通过测量碳弹性峰位置和氢弹性峰位置间的能量差,EPES可用于检测高分子材料和氢化碳基材料[30−37]中的氢,例如,入射电子能量为 $1000 \sim 2000eV$ 时,弹性峰能量位置间的差为 $2 \sim 4eV$。

从弹性峰到第一个 $30 \sim 40eV$ 间,一般存在一个很宽范围的峰,包含了与原子外壳层电子非弹性相互作用的所有电子。通常,它包括了与等离激元发生非弹性相互作用(等离激元损失)而损失能量的电子,其对应于能带内和能带间跃迁的电子。如果样品足够厚(在 TEELS 中)或是体样品(在 REELS 中)的情况下,那么电子在从样品中逃逸出来之前,与等离激元经过多次非弹性碰撞的概率是不可忽略的。这种电子与等离激元的多重非弹性碰撞在能谱中表征为一系列等距峰(这些峰间的距离由等离激元能量给定)。这些多重非弹性散射峰的相对强度随着能量损失的增加而降低,这表明经过一次非弹性碰撞的概率远大于经过两次非弹性碰撞的概率,依此类推,经过两次非弹性碰撞的概率远大于经过三次非弹性碰撞的概率。当然,在 TEELS 中,可以测量到多重散射峰的数目也是样品厚度的函数。当膜厚远大于电子非弹性平均自由程时,在多重等离子体能量中可以清晰地看到多个散射峰,这些散射峰位于弹性峰和 $100 \sim 200eV$ 附近的能量损失区域(能谱中 $100 \sim 200eV$ 到弹性峰的区间)。另外,当膜厚远小于电子非弹性平均自由程时,在低于 $100 \sim 200eV$ 的能量损失区间(在能谱中距离弹性峰 $100 \sim 200eV$ 之外),可以仅观察到强的弹性峰和第一个等离激元损失峰。

对于更高的能量损失,在能谱中可以观察到对应于原子内壳层电子激发的边沿(比等离激元损失的强度低)。这些边沿随着能量损失的增加而缓慢地下降。台阶或者陡增能量的位置,对应的是电离阈值。由每个边沿的能量损失可近似地估计出非弹性散射过程中内壳层能级的结合能。

当能量分辨率高于2eV,在低能损失峰和电离阈值边界可以观察到与靶材的能带结构和结晶特性有关的细节特征。例如,根据碳的结构,可在能谱中的不同能量处观察到碳的等离激元峰。这是由于碳的同素异形体,如金刚石、石墨、C_{60}、玻璃碳和不定性碳[22,23],具有不同的价电子密度。

关于电子能量损失谱更详细的论述可参考 Egerton 的书[22]。

1.3 俄歇电子峰

由于存在双电离原子,因此在能谱中同样可以观察到俄歇电子峰。俄歇[38]和迈特纳[39]均在充满惰性气体的X射线辐射云室中,发现了从共同起始点出发的成对粒子轨迹。其中一条轨迹具有与入射辐射能量相关的可变波长,另一条轨迹具有确定波长。俄歇指出了气体中双电离原子的存在。两年后,温泽尔(Wentzel)提出了两步过程的假说。在 Wentzel 的假设中,初始电离是一个衰变的过程[40]。入射辐射电离了原子系统的 S 内壳层,于是该原子系统基于两种不同机制之一而衰减。其中一种机制是辐射机制:电子从 R 外壳层跃迁到 S 内壳层,并发射一个光子。另一种机制是非辐射机制:电子从 R 外壳层跃迁到 S 内壳层,额外的能量使 R' 外壳层的电子(俄歇电子)发射。这两个过程是相匹敌的。在电子能谱中,由非辐射过程产生的俄歇电子峰是可以识别的。

1.4 二次电子峰

由级联散射过程产生的二次电子是通过非弹性电子–电子碰撞从原子中发射出来的。实际上,并不是所有产生的二次电子都能从固体靶材中出射。为了从表面出射,固体中产生的二次电子必须到达表面并满足一定的角度和能量条件。当然,只有从靶材中逃逸的二次电子才能包括在能谱中。在能谱中,50eV以下的能量范围会存在一个明显的峰,该峰代表了二次电子的能量分布。通常,二次电子发射系数也是测量 0 ~ 50eV 范围内能谱的面积积分(该方法包括了背散射电子的一小部分,这部分能量区域的背散射电子数量实际上是可忽略的,除非初始电子能量非常低)。

1.5　材料的表征

材料中电子输运过程的模拟在许多应用中都非常重要。粒子束辐照固体产生电子发射的测定尤为关键和重要,特别是在利用电子研究固体近表面的化学和成分特性的分析技术中。

在研究电子和物质的相互作用中,电子光谱仪和显微镜代表了研究物质的电子和光学特性的基本仪器。电子光谱仪和显微镜可用于研究化学成分、电子特性和材料的晶体结构。基于入射电子能量的不同,可以利用一系列的光谱技术:低能电子衍射(LEED)可用于研究表面的晶格结构;俄歇电子谱(AES)可用于分析固体表面的化学成分;电子能量损失谱,不管是分光仪与透射电镜相结合的透射谱还是反射谱,都可通过与合适的标准对比其等离激元损失峰的形状、带内和带间跃迁产生的细微结构特征来表征材料特性;弹性峰电子能谱是可用于检测碳基材料中的氢的一种有用手段。

采用电子探针研究材料的特性需要相应的电子与所研究的特定材料相互作用的物理过程的知识。例如,原子谱的典型 AES 峰的宽度范围为 0.1 ~ 1eV。固体中,许多能量上很接近的能级都在此范围,所以在固体的 AES 谱中观察到的峰都较宽。这一特征同样依赖于仪器的分辨率。能谱的另一重要特性是峰的能量偏移与化学环境相关:实际上当原子作为固体的一部分时,原子核的能级是偏移的。当从理论上或通过与合适的标准对比能确定该偏移时,这一性质可用于表征材料。甚至能谱强度的改变和二次电子峰的出现都可用于分析未知材料。电子能谱也可用于自支撑薄膜的局部厚度测量、多层表面薄膜厚度测量、半导体中掺杂剂量的确定、辐射损伤研究等。

背散射电子系数可用于沉积层薄膜厚度的无损预测[41,42],同时,在背散射电子能量分布的研究中,可以通过等离激元损失峰的形状表征材料[43,44]。

二次电子的研究可通过模拟二次电子成像的物理过程以获得临界尺寸[45-47]。通过二次电子可研究 P - N 结的掺杂对比度,以及精确评估最先进 CMOS(互补金属氧化物半导体)工艺的纳米技术[48,49]。

1.6　小结

蒙特卡罗输运仿真是一种用于描述与电子束与固体靶材相互作用相关的许多重要过程的非常有用的数学工具。尤其是固体材料的背散射电子发射和二次电子发射都需要采用蒙特卡罗方法来研究。

背散射电子和二次电子的蒙特卡罗研究的许多应用都与材料分析及特性有关。在分析和表征的蒙特卡罗仿真的许多应用中,本节提到了沉积层厚度的无损检测[41,42],通过研究电子谱的主要特征和等离激元损失峰来表征材料[43],通过模拟二次电子图像形成的物理过程来获取临界尺寸[45-47],以及根据 P – N 结的掺杂对比度来评估最先进的 CMOS 工艺中的纳米技术[48,49]。

参 考 文 献

[1] N. F. Mott. ,Proc. R. Soc. London Ser. 124 ,425(1929).

[2] R. H. Ritchie ,Phys. Rev. 106 ,874(1957).

[3] H. Fröhlich ,Adv. Phys. 3 ,325(1954).

[4] J. P. Ganachaud ,A. Mokrani ,Surf. Sci. 334 ,329(1995).

[5] M. Dapor ,Phys. Rev. B 46 ,618(1992).

[6] P. Sigmund ,*Particle Penetration and Radiation Effects*(Springer ,Berlin ,2006).

[7] R. H. Ritchie ,A. Howie ,Phil Mag 36 ,463(1977).

[8] H. Ibach ,*Electron Spectroscopy for Surface Analysis*(Springer ,Berlin ,1977).

[9] P. M. Echenique ,R. H. Ritchie ,N. Barberan ,J. Inkson ,Phys. Rev. B 23 ,6486(1981).

[10] H. Raether ,*Excitation of Plasmons and Interband Transitions by Electrons*(Springer ,Berlin ,1982).

[11] D. L. Mills ,Phys. Rev. B 34 ,6099(1986).

[12] D. R. Penn ,Phys. Rev. B 35 ,482(1987).

[13] J. C. Ashley ,J. Electron Spectrosc. Relat. Phenom. 46 ,199(1988).

[14] F. Yubero ,S. Tougaard ,Phys. Rev. B 46 ,2486(1992).

[15] Y. F. Chen ,C. M. Kwei ,Surf. Sci. 364 ,131(1996).

[16] Y. C. Li ,Y. H. Tu ,C. M. Kwei ,C. J. Tung ,Surf. Sci. 589 ,67(2005).

[17] A. Cohen – Simonsen ,F. Yubero ,S. Tougaard ,Phys. Rev. B 56 ,1612(1997).

[18] Z. – J. Ding ,J. Phys. Condens. Matter 10 ,1733(1988).

[19] Z. – J. Ding ,R. Shimizu ,Phys. Rev. B 61 ,14128(2000).

[20] Z. – J. Ding ,H. M. Li ,Q. R. Pu ,Z. M. Zhang ,R. Shimizu ,Phys. Rev. B 66 ,085411(2002).

[21] W. S. M. Werner ,W. Smekal ,C. Tomastik ,H. Störi ,Surf. Sci. 486 ,L461(2001).

[22] R. F. Egerton ,*Electron Energy – Loss Spectroscopy in the Electron Microscope* ,3rd edn. (Springer ,New York ,2011).

[23] R. Garcia – Molina ,I. Abril ,C. D. Denton ,S. Heredia – Avalos ,Nucl. Instrum. Methods Phys. Res. B 249 ,6 (2006).

[24] R. F. Egerton ,Rep. Prog. Phys. 72 ,016502(2009).

[25] S. Taioli ,S. Simonucci ,L. Calliari ,M. Filippi ,M. Dapor ,Phys. Rev. B 79 ,085432(2009).

[26] S. Taioli ,S. Simonucci ,M. Dapor ,Comput. Sci. Discovery 2 ,015002(2009).

[27] S. Taioli ,S. Simonucci ,L. Calliari ,M. Dapor ,Phys. Rep. 493 ,237(2010).

[28] G. Gergely ,Progr. Surf. Sci. 71 ,31(2002).

[29] A. Jablonski ,Progr. Surf. Sci. 74 ,357(2003).

[30]　D. Varga, K. Tökési, Z. Berènyi, J. Tórh, L. Kövér, G. Gergely, A. Sulyok, Surf. Interface Anal. 31, 1019 (2001).

[31] A. Sulyok, G. Gergely, M. Menyhard, J. Tórh, D. Varga, L. Kövér, Z. Berènyi, B. Lesiak, A. Jablonski, Vacuum 63, 371 (2001).

[32] G. T. Orosz, G. Gergely, M. Menyhard, J. Tóth, D. Varga, B. Lesiak, A. Jablonski, Surf. Sci. 566 – 568, 544 (2004).

[33]　F. Yubero, V. J. Rico, J. P. Espinós, J. Cotrino, A. R. González – Elipe, Appl. Phys. Lett. 87, 084101 (2005).

[34] V. J. Rico, F. Yubero, J. P. Espinós, J. Cotrino, A. R. González – Elipe, D. Garg, S. Henry, Diam. Relat. Mater. 16, 107 (2007).

[35] D. Varga, K. Tökési, Z. Berènyi, J. Tórh, L. Kövér, Surf. Interface Anal. 38, 544 (2006).

[36] M. Filippi, L. Calliari, Surf. Interface Anal. 40, 1469 (2008).

[37] M. Filippi, L. Calliari, C. Verona, G. Verona – Rinati, Surf. Sci. 603, 2082 (2009).

[38] P. Auger, P. Ehrenfest, R. Maze, J. Daudin, R. A. Fréon, Rev. Mod. Phys. 11, 288 (1939).

[39] L. Meitner, Z. Phys. 17, 54 (1923).

[40] G. Wentzel, Z. Phys. 43, 524 (1927).

[41] M. Dapor, N. Bazzanella, L. Toniutti, A. Miotello, S. Gialanella, Nucl. Instrum. Methods Phys. Res. B 269, 1672 (2011).

[42] M. Dapor, N. Bazzanella, L. Toniutti, A. Miotello, M. Crivellari, S. Gialanella, Surf. Interface Anal. 45, 677 (2013).

[43] M. Dapor, L. Calliari, G. Scarduelli, Nucl. Instrum. Methods Phys. Res. B 269, 1675 (2011).

[44] M. Dapor, L. Calliari, S. Fanchenko, Surf. Interface Anal. 44, 1110 (2012).

[45] M. Dapor, M. Ciappa, W. Fichtner, J. Micro/Nanolith, MEMS MOEMS 9, 023001 (2010).

[46] M. Ciappa, A. Koschik, M. Dapor, W. Fichtner, Microelectron. Reliab. 50, 1407 (2010).

[47] A. Koschik, M. Ciappa, S. Holzer, M. Dapor, W. Fichtner, Proc. SPIE 7729, 1 – 7290X (2010).

[48] M. Dapor, M. A. E. Jepson, B. J. Inkson, C. Rodenburg, Microsc. Microanal. 15, 237 (2009).

[49] C. Rodenburg, M. A. E. Jepson, E. G. T. Bosch, M. Dapor, Ultramicroscopy 110, 1185 (2010).

第2章

散射截面：基本原理

在电子显微学和光谱学中，电子穿透材料时会发生许多不同的散射。为了获得电子发射的真实描述，有必要了解所涉及的所有散射的机制[1,2]。

本章将专门介绍散射截面和阻止本领的概念，所探讨的主题更深入的综述也可参考文献[1]。由于本章着眼于透射理论的基本原理，因此专门选择了基础的内容进行介绍。更详细的内容将在第3章和附录中阐述。

从宏观的角度来讲，散射截面代表可以被抛射物击中的靶的面积。因此散射截面取决于靶和抛射物的几何特性。例如，一个点状子弹碰撞在一个半径为r的球面靶上。在这个例子中这个靶的散射截面σ可以简单地表示为$\sigma = \pi r^2$。

在显微学领域，由于散射截面不仅仅取决于抛射物和靶，还取决于它们的相对速度和我们感兴趣的物理现象，因此可以将概念进行推广，例如，电子（抛射物）碰撞在原子（靶）上的弹性散射截面和非弹性散射截面。一方面，弹性散射截面描述的是入射粒子（电子）的动能不发生变化的相互作用，因此它在散射前和散射后动能相等；另一方面，在非弹性散射截面描述的碰撞中，能量从入射粒子（电子）转移到靶（原子），因此入射电子的动能由于这种相互作用而减小，以至于电子速度缓慢下来。由于散射截面是入射电子动能的函数，因此每一次非弹性散射之后，如果随后还有碰撞发生，其散射截面（包括弹性和非弹性散射截面）将会相应地改变。

在实际的实验中，研究人员无法测量单个电子碰撞在单个原子上的散射截面，而是通过一个具有代表性的实验来研究碰撞的。这个实验是由形成电子束的大量电子打在由许多原子和/或分子排列在一起构成的介质（例如，某种气体、非晶体或者晶体固体）上产生碰撞的。理论上，组成束的电子有相同的起始能量（初始能量），且彼此之间没有相互作用，只和介质原子发生相互作用。事实上，在实际的情况中，组成原始束流的电子能量分布在初始能量周围，这个初始能量视为电子的平均能量。此外，电子束中的电子并不是只与靶原子（或分子）相互作用，它们彼此之间也会有相互作用。忽略这种相互作用相当于研究所谓的**弱束流近似**[1]（Low current beam approximation）。

2.1 散射截面和散射概率

用 σ 表示所感兴趣的物理效应的散射截面，用 J 表示电流密度，即单位时间内通过束的单位面积上的电子个数。此外，用 N 表示单位体积靶内的靶原子个数，S 为电子束在靶上所覆盖的面积。假设束分布是均匀的。如果 z 是碰撞发生的深度，则电子与阻止介质发生相互作用的体积为 zS，因此，单位时间发生碰撞的电子数目可以用 $NzSJ\sigma$ 计算。由于 S 和 J 的乘积是单位时间的电子个数，因此

$$P = Nz\sigma \tag{2.1}$$

假定靶的厚度 z 非常小（薄层），或者靶原子的密度 N 非常小（气体靶），因此 $P \ll 1$，P 表示一个电子在穿过介质的过程中发生一次碰撞的概率。

在绝大多数的实验中，抛射物会经历许多次碰撞，我们将每个粒子的轨迹与圆柱体积 $V = z\sigma$ 联系起来，并计算 v 个靶粒子打在该体积的概率 P_v。如果在这种情况下任意两个靶粒子的位置不相关，如理想气体，则这个概率可由泊松分布得到，即

$$P_v = \frac{(NV)^v}{v!}\exp(-NV) = \frac{(Nz\sigma)^v}{v!}\exp(-Nz\sigma) \tag{2.2}$$

式中，$v = 0,1,2,3,\cdots$。

首先考虑单次碰撞的问题，即 $v = 1$。电子恰好打在体积为 $z\sigma$ 中的一个粒子的概率为

$$P_1 = P_{(v=1)} = (Nz\sigma)\exp(-Nz\sigma) \tag{2.3}$$

由于限定了 $Nz\sigma \ll 1$，因此有

$$P_1 \cong P = Nz\sigma \tag{2.4}$$

这与前面推导的结果（式（2.1））相同。

同样注意到，在相同的限定中，不发生碰撞的概率由 $1 - P = 1 - Nz\sigma$ 给出。这是著名的 Lambert - Beer 衰减定律中 $Nz\sigma$ 的一阶项，即

$$P_0 = P_{(v=0)} = \exp(-Nz\sigma) \tag{2.5}$$

注意：$Nz\sigma$ 的一阶项，发生两次碰撞的概率为零。

我们知道，泊松分布的一个特点是期望值和方差相等。特别是，平均值 $\langle v \rangle$ 和方差 $\langle (v - \langle v \rangle)^2 \rangle$ 可以表示为

$$\langle v \rangle = \langle (v - \langle v \rangle)^2 \rangle = Nz\sigma \tag{2.6}$$

因此 $\langle v \rangle = Nz\sigma$ 的平方根的倒数表示为

$$\sqrt{\frac{\langle (v - \langle v \rangle)^2 \rangle}{\langle v \rangle^2}} = \frac{1}{\sqrt{v}} \tag{2.7}$$

其中:相对波动趋向于零。

2.2 阻止本领和非弹性散射平均自由程

电子和阻止媒质发生碰撞时,动能会从抛射物传递到组成靶的靶原子或分子。假设能量传递 $T_i (i = 1, 2, \cdots)$ 相对于入射粒子的动能 E 来说非常小,并且假定 v_i 对应于能量损失为 T_i 的事件的次数,那么入射粒子穿过厚度为 Δz 的薄膜时,总的能量损失为 $\Delta E = \sum_i v_i T_i$。

根据式(2.6),类型为 i 的碰撞的平均个数由 $\langle v_i \rangle = N \Delta z \sigma_i$ 表示,其中 σ_i 为能量损失截面,则能量损失为

$$\langle \Delta E \rangle = N \Delta z \sum_i T_i \sigma_i \tag{2.8}$$

阻止本领定义为

$$\frac{\langle \Delta E \rangle}{\Delta z} = N \sum_i T_i \sigma_i \tag{2.9}$$

阻止截面 S 为

$$S = \sum_i T_i \sigma_i \tag{2.10}$$

因此

$$\frac{\langle \Delta E \rangle}{\Delta z} = NS \tag{2.11}$$

如果能量损失谱是连续的而不是离散的,则阻止截面可以表示为

$$S = \int T \frac{d\sigma_{inel}}{dT} dT \tag{2.12}$$

阻止本领表示为

$$\frac{\langle \Delta E \rangle}{\Delta z} = N \int T \frac{d\sigma_{inel}}{dT} dT \tag{2.13}$$

总的非弹性散射截面 σ_{inel} 为

$$\sigma_{inel} = \int \frac{d\sigma_{inel}}{dT} dT \tag{2.14}$$

式中:$d\sigma_{inel}/dT$ 为微分非弹性散射截面。

一旦总的非弹性散射截面已知,则非弹性散射平均自由程 λ_{inel} 为

$$\lambda_{inel} = \frac{1}{N\sigma_{inel}} \tag{2.15}$$

2.3　射程

非弹性散射平均自由程是两次非弹性散射之间的平均距离,而最大射程是抛射物的总路径长度。在能量歧离,即能量损失的统计波动可以被忽略的所有情况下,使用本章描述的简单方法可以很容易地估算最大射程。事实上在这种情况下,入射粒子的能量是从表面到靶的入射深度 z 的减函数,即 $E = E(z)$。由于阻止截面是入射粒子能量的函数,即 $S = S(E)$,假设式(2.11)的微分形式为

$$\frac{\mathrm{d}E}{\mathrm{d}z} = - NS(E) \tag{2.16}$$

式中:负号是考虑到入射能量 $E(z)$ 是深度 z 的减函数。

采用 E_0 表示抛射物的起始能量(所谓的束流初始能量),则最大射程 R 可以由积分得到[3,4],即

$$R = \int_0^R \mathrm{d}z = \int_{E_0}^0 \mathrm{d}E \frac{\mathrm{d}z}{\mathrm{d}E} \tag{2.17}$$

则

$$R = \int_0^{E_0} \frac{\mathrm{d}E}{NS(E)} \tag{2.18}$$

2.4　能量歧离

实际上,由于存在能量损失的统计波动,因此采用上述方法计算的射程会和真实的射程不同。这种现象造成的结果即能量歧离,可以通过一个类似于引入阻止截面的过程估算能量歧离。

如前所述,首先考虑离散的情况下,能量损失 ΔE 的方差 Ω^2 或均方涨落的计算,即

$$\Omega^2 = \langle (\Delta E - \langle \Delta E \rangle)^2 \rangle \tag{2.19}$$

由于

$$\Delta E - \langle \Delta E \rangle = \sum_i (v_i - \langle v_i \rangle) T_i \tag{2.20}$$

结合散射事件的统计独立性以及泊松分布的特性,可以得到

$$\Omega^2 = \sum_i \langle (v_i - \langle v_i \rangle)^2 \rangle T_i^2 = \sum_i \langle v_i \rangle T_i^2 \tag{2.21}$$

考虑到 $\langle v_i \rangle = N \Delta z \sigma_i$,能量歧离可表示为

$$\Omega^2 = N \Delta z \sum_i T_i^2 \sigma_i = N \Delta z W \tag{2.22}$$

这里需要引入歧离参数,其定义为

$$W = \sum_i T_i^2 \sigma_i \qquad (2.23)$$

如果能量损失谱是连续的而不是离散的,则歧离参数可以假定为以下形式,即

$$W = \int T^2 \frac{\mathrm{d}\sigma_{\mathrm{inel}}}{\mathrm{d}T} \mathrm{d}T \qquad (2.24)$$

2.5 小结

本章简要介绍了电子透射固体靶的基本理论[1],讨论了散射截面、阻止本领、最大射程以及能量歧离的基本概念。有关描述入射电子与原子核、核外电子、等离激元、声子、极化子相互作用的散射截面的主要理论方法,及其具体的应用和散射机制的计算将在第 3 章阐述。

参 考 文 献

[1] P. Sigmund, *Particle Penetration and Radiation Effects* (Springer, Berlin, 2006).

[2] M. Dapor, *Electron – Beam Interactions with Solids*: *Application of the Monte Carlo Method to Electron Scattering Problems* (Springer, Berlin, 2003).

[3] M. Dapor, Phys. Rev. B 43, 10118 (1991).

[4] M. Dapor, Surf. Sci. 269/270, 753 (1992).

第 3 章
散射机制

本章将专门介绍与电子束和固体材料相互作用密切相关的散射（弹性、准弹性、非弹性）的主要机制。

首先描述弹性散射截面，并比较屏蔽卢瑟福公式和更为准确的 Mott 散射截面[1]。Mott 理论是基于相对论分波展开法和数值求解中心势场的狄拉克公式。当电子能量小于 5 ~ 10keV 时，Mott 散射截面和现有的实验数据吻合得更好。

本章还将简要介绍 Fröhlich 理论[2]，该理论描述了当电子能量非常低且电子 – 声子相互作用概率非常大时所发生的准弹性散射。另外将讨论由于电子 – 声子相互作用引起的能量损失和能量增益，可以看到，当电子的能量损失是零点几个电子伏时，增加的电子能量可以被合理地忽略掉。

本章还将介绍 Bethe – Bloch 阻止本领公式[3]和半经验方法[4,5]，同时说明在计算能量损失时这些模型所适用的范围。

本章还将讨论 Ritchie 介电理论[6]，该理论用于精确地计算电子 – 等离激元相互作用引起的电子能量损失。此外，还将介绍极化子效应，它是在绝缘材料中捕获极慢电子的一个重要机制[7]。

本章将对所介绍的非弹性散射机制的非弹性平均自由程进行讨论。

最后，通过数值计算面和体等离激元损失谱来描述界面现象。

本章所呈现的最重要的理论模型的更多细节可参见附录。

3.1　弹性散射

电子 – 原子间的弹性散射是造成电子在固体材料中输运时发生角度偏转的主要原因。关于弹性散射的相关内容可见参考文献[8 – 13]。

弹性散射不仅会引起电子偏转，而且还会造成非弹性散射电子的角度分布的变化，所以弹性散射也涉及电子能量损失的问题[9,10]。

由于原子核质量比电子质量大很多，因此弹性散射过程的能量转移非常小，通常在电子－原子核的碰撞中可以忽略。绝大多数弹性散射关注的是入射电子与远离原子核质量中心区域的静电核场的相互作用,由于距离平方反比定律以及核外电子对原子核的屏蔽,该静电场势相对较弱。因此,许多电子发生的是小角度的弹性散射。

能量和动量守恒定律使得电子和原子核之间的能量转移较小,所转移的能量取决于散射角度。尽管电子转移的能量只有一个电子伏的极小部分,但在很多情况下也不能被忽略。此外,需要注意的是,尽管有以上普遍规律,但是在极少的情况下,显著的能量转移也是可能发生的。事实上,尽管典型的电子能量损失比较小,并且与电子－原子核间的碰撞不相关,但对于极少数的迎面碰撞的情况,即散射角度为180°,较轻元素转移的能量可以高于位移能量,也就是在某个晶格位置上置换一个原子所必需的能量。在这些情况下,可以观察到位移层错或原子迁移(溅射)[9,10,14]。

微分弹性散射截面表示单位立体角内一个电子被一个原子弹性散射的概率,可通过复散射振幅f的模的平方计算。复散射振幅f是散射角ϑ,入射电子能量E_0,及靶材的(平均)原子序数Z的函数。如果考虑到被核外电子屏蔽的库仑势,角分布可以采用一阶玻恩近似(屏蔽卢瑟福截面)计算,或者通过求解中心场的薛定谔方程(分波展开法,PWEM),该方法尤其对低能量电子,可以给出更为精确的结果。

通常,由一阶玻恩近似得到的屏蔽卢瑟福公式中,核外电子的屏蔽作用采用Wentzel公式来描述[15]。Wentzel公式原子核势随着距原子核质量中心距离的Yukawa指数衰减函数。更为精确的分波展开法要求对屏蔽作用进行更准确的描述,因此,Dirac － Hartree － Fock － Slater方法广泛用于计算这种情况下的屏蔽原子核势。

为了非常精确地计算微分弹性散射截面,并对相对论效应的电子同样适用,进一步改进的方法就是所谓的相对论分波展开法(RPWEM),该方法基于求解中心势场的Dirac公式(其解为Mott截面),其中,计算弹性散射概率需要求解两个复散射振幅f和g的模的平方和[1]。在这种情况下,同样采用Dirac － Hartree － Fock － Slater方法来计算屏蔽原子核势。

3.1.1　Mott散射截面与屏蔽卢瑟福散射截面

相对论分波展开法(Mott理论)[1]计算的微分弹性散射截面可表示为

$$\frac{\mathrm{d}\sigma_{\mathrm{el}}}{\mathrm{d}\Omega} = |f|^2 + |g|^2 \tag{3.1}$$

式中:$f(\vartheta)$和$g(\vartheta)$为散射振幅(分别对应直接散射振幅和自旋翻转散射振幅)。

对于 Mott 理论的详细阐述和散射振幅 $f(\vartheta)$ 和 $g(\vartheta)$ 的计算,可参阅第 10 章及文献[11,13],也可参阅文献[12,16-18]中的一些应用。

当计算得到了微分弹性散射截面,则总弹性散射截面 σ_{el} 及第一输运弹性散射截面 σ_{tr} 可以使用以下公式进行计算,即

$$\sigma_{el} = \int \frac{d\sigma_{el}}{d\Omega}d\Omega \tag{3.2}$$

$$\sigma_{tr} = \int (1 - \cos\vartheta) \frac{d\sigma_{el}}{d\Omega}d\Omega \tag{3.3}$$

令人感兴趣的是研究 Mott 理论(相当于一阶玻恩近似)在高能和低原子序数情况下的局限。可以假设,基于 Wentzel 公式[15]的原子势场可以表示为

$$V(r) = -\frac{Ze^2}{r}\exp\left(-\frac{r}{a}\right) \tag{3.4}$$

式中:r 为入射电子与原子核的距离;Z 为靶材的原子序数;e 为电子电荷量;a 近似代表轨道电子对原子核的屏蔽,可以表示为

$$a = \frac{a_0}{Z^{1/3}} \tag{3.5}$$

式中,a_0 为玻尔半径,则微分弹性散射截面可由一阶玻恩近似表示为一种闭合形式的解析表达式。这就是所谓的屏蔽卢瑟福散射截面,即

$$\frac{d\sigma_{el}}{d\Omega} = \frac{Z^2 e^4}{4E^2} \frac{1}{(1 - \cos\theta + \alpha)^2} \tag{3.6}$$

$$\alpha = \frac{me^4\pi^2}{h^2} \frac{Z^{2/3}}{E} \tag{3.7}$$

式中:m 为电子质量;h 为普朗克常量。

屏蔽卢瑟福公式已广泛使用,但是当入射电子的能量低于 ~5~10keV 且靶原子数相对较高时,作为散射角的函数的屏蔽卢瑟福公式不能描述弹性散射的所有特征。在图 3.1 至图 3.4 中,比较了根据 Mott 理论和卢瑟福理论计算得到的微分散射截面 $d\sigma_{el}/d\Omega$(DESCS)。图中给出了两种不同元素(Cu 和 Au)在两种不同能量(1000eV 和 3000eV)情况下的数据。从图中可以清楚地看出,随着原子序数的减小和电子初始能量的增加,卢瑟福理论更接近于 Mott 理论。实际上,卢瑟福公式可以由一阶玻恩近似的假设推导出来,玻恩近似满足下式时成立,即

$$E \gg \frac{e^2}{2a_0}Z^2 \tag{3.8}$$

换句话说,相对于原子势而言,电子能量越高,卢瑟福理论越准确(图 3.3)。但是,卢瑟福公式是散射角的减函数,因此可以预见它不能描述电子能量较低和原子序数较高时出现的散射特征(图 3.2)。

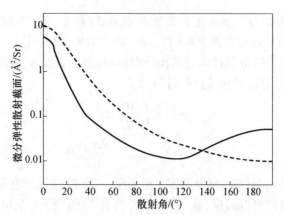

图 3.1　能量为 1000eV 的电子被 Cu 散射的微分弹性散射截面函数随着散射角的变化
（实线表示相对论分波法（Mott 理论）的计算结果，虚线表示屏蔽卢瑟福公式（3.6）的计算结果）

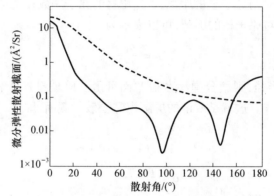

图 3.2　能量为 1000eV 的电子被 Au 散射的微分弹性散射截面函数随着散射角的变化
（实线表示相对论分波法（Mott 理论）的计算结果，虚线表示屏蔽卢瑟福公式（3.6）的计算结果）

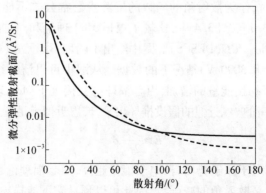

图 3.3　能量为 3000eV 的电子被 Cu 散射的微分弹性散射截面函数随着散射角的变化
（实线表示相对论分波法（Mott 理论）的计算结果，虚线表示屏蔽卢瑟福公式（3.6）的计算结果）

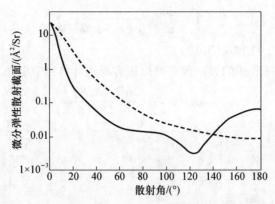

图 3.4　能量为 3000eV 的电子被 Au 散射的微分弹性散射截面函数随着散射角的变化
（实线表示相对论分波法（Mott 理论）的计算结果,虚线表示屏蔽卢瑟福公式(3.6)的计算结果）

在蒙特卡罗模拟中,当电子的初始能量高于 10keV 时,有时会使用卢瑟福散射截面来取代更精确的 Mott 散射截面,这主要是由于卢瑟福散射截面采用一种非常简单的解析方法来计算弹性散射从 $0° \sim \theta$ 角度范围的累积概率 $P_{el}(\theta,E)$,以及弹性散射平均自由程 λ_{el}。尽管本书的模拟计算一直使用 Mott 散射截面(见图 3.5,给出了 1000eV 电子在 Al 中的 Mott 散射截面),而没有使用卢瑟福散射截面,但这里仍有必要说明如何利用屏蔽卢瑟福公式的特定形式以一种完全解析的方法计算 $P_{el}(\theta,E)$ 和 λ_{el}。在一阶玻恩近似中,$P_{el}(\theta,E)$ 和 λ_{el} 分别表示为

$$P_{el}(\theta,E) = \frac{(1+\alpha/2)(1-\cos\theta)}{1+\alpha-\cos\theta} \tag{3.9}$$

$$\lambda_{el} = \frac{\alpha(2+\alpha)E^2}{N\pi e^4 Z^2} \tag{3.10}$$

式中:N 为靶材内单位体积中的原子个数。

这些公式的证明是非常简单的,实际上,有

$$P_{el}(\theta,E) = \frac{e^4 Z^2}{4\sigma_{el}E^2} \int_0^\theta \frac{2\pi\sin\vartheta\,\mathrm{d}\vartheta}{(1-\cos\vartheta+\alpha)^2} = \frac{\pi e^4 Z^2}{2\sigma_{el}E^2} \int_\alpha^{1-\cos\theta+\alpha} \frac{\mathrm{d}u}{u^2}$$

其中

$$\sigma_{el} = \frac{e^4 Z^2}{4E^2} \int_0^\pi \frac{2\pi\sin\vartheta\,\mathrm{d}\vartheta}{(1-\cos\vartheta+\alpha)^2} = \frac{\pi e^4 Z^2}{2E^2} \int_\alpha^{2+\alpha} \frac{\mathrm{d}u}{u^2}$$

由于

$$\int_\alpha^{1-\cos\theta+\alpha} \frac{\mathrm{d}u}{u^2} = \frac{1-\cos\theta}{\alpha(1-\cos\theta+\alpha)}$$

且

$$\int_{\alpha}^{2+\alpha} \frac{du}{u^2} = \frac{1}{\alpha(1+\alpha/2)}$$

由此即得到式(3.9)和式(3.10)。

根据式(3.9)表述的累积概率可以很容易地计算出散射角为

$$\cos\theta = 1 - \frac{2\alpha P_{el}(\theta, E)}{2 + \alpha - 2P_{el}(\theta, E)} \qquad (3.11)$$

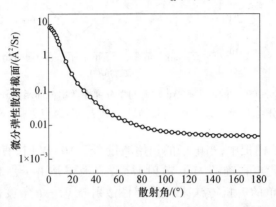

图 3.5　能量为 1000eV 的电子被 Al 散射的微分弹性散射截面函数随着散射角的变化
（实线表示计算结果（Mott 理论）[13]，圆圈表示 Salvat 和 Mayol 的计算结果（Mott 理论）[19]）

由于实验数据和 Mott 散射截面符合得相当好（图 3.6），最新的蒙特卡罗代码（以及本书所述的所有计算）使用 Mott 截面来描述微分弹性散射截面以及通过散射角的采样计算累积概率。然而，值得强调的是，如果入射电子的初始动能大于 10keV，则使用简单的卢瑟福公式（3.6），也可以得到非常好的结果[21]。

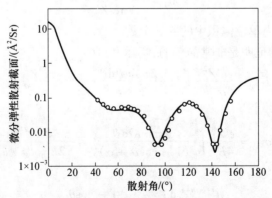

图 3.6　能量为 1100eV 的电子被 Au 散射的微分弹性散射截面函数随着散射角的变化
（实线表示计算结果（Mott 理论）[13]，圆圈表示 Reichert 的实验数据[20]）

3.2　准弹性散射

由于热激发,晶体结构中的原子围绕它的平衡晶格位置振动,这些振动的能量量子被称为声子。电子和晶格振动光学模式的相互作用是能量损失(以及能量增益)的一种机制。电子和晶格振动之间这种少量的能量传递是由准弹性散射过程引起的,这种准弹性散射称为声子激发(电子能量损失)和声子湮灭(电子能量增益)[2,22]。声子的能量小于 $k_B T_D$,其中 k_B 是玻耳兹曼常数,T_D 是德拜温度。由于 $k_B T_D$ 通常不会超过 0.1eV,电子和声子相互作用引起的能量损失及能量增益通常也小于 0.1eV,因此使用传统的光谱仪一般无法分辨[9]。当电子能量较低(数个电子伏)时,电子能量损失的机制与发生概率小得多的能量增益的机制是特别有关联的[7]。

3.2.1　电子 – 声子相互作用

根据 Fröhlich 的文献[2] 和 Llacer 与 Garwin 的文献[22],由声子激发引起的电子能量损失的平均自由程的倒数为

$$\lambda_{phonon}^{-1} = \frac{1}{a_0} \frac{\varepsilon_0 - \varepsilon_\infty}{\varepsilon_0 \varepsilon_\infty} \frac{\hbar\omega}{E} \frac{n(T)+1}{2} \ln\left[\frac{1 + \sqrt{1 - \hbar\omega/E}}{1 - \sqrt{1 - \hbar\omega/E}}\right] \tag{3.12}$$

式中:E 为入射电子的能量;$W_{ph} = \hbar\omega$ 为电子损失的能量(0.1eV 的数量级);ε_0 为静态介电常数;ε_∞ 为高频介电常数;a_0 为玻尔半径,且电子占有数为

$$n(T) = \frac{1}{e^{\hbar\omega/k_B T} - 1} \tag{3.13}$$

同样,可以写出类似的公式描述电子能量增益(对应于声子湮灭),声子湮灭发生的概率要远小于声子激发的概率,因此在许多实际的应用中电子能量增益可以被合理地忽略。

关于电子 – 声子相互作用及 Fröhlich 理论[2,22]更详细的介绍可参阅第 11 章。

3.3　非弹性散射

本节介绍入射电子与围绕原子核的核外电子(包括内层电子和价电子)相互作用引起的非弹性散射。关于这一问题的详细介绍可见参考文献[9]。

如果入射电子的能量足够高,则它可以激发内壳层电子,使其从基态跃迁至某一高于费米能级的空的电子态。由于能量守恒,入射电子损失的能量等于被激发的核外电子所占据的高于费米能级的电子态与其基态的差值,同时,原子则

成为电离态。随后靶原子的去激发将产生额外的能量,该能量以下述两者之一的方式释放:产生 X 射线光子(基于此过程产生能量色散谱(Energy Dispersive Spectrosopy,EDS)),或者发射另一个电子(基于此过程产生俄歇电子谱(Auger Electron Spectroscopy,AES))。

外壳层非弹性散射是根据以下两者择一的过程发生的。第一种,一个外壳层电子激发单电子。典型的例子就是带间和带内跃迁。如果以此种方式激发的核外电子可以到达表面,且其能量高于真空能级和导带能级最小值之间的势垒,则它就可以从固体中逸出成为二次电子,这种跃迁需要的能量是由快入射电子提供的。去激发既可以通过发射可见光范围的电磁辐射的方式释放能量,即阴极发光现象,也可以通过无辐射跃迁过程产生热量的方式释放能量。第二种,外壳层电子被激发至价电子集体振荡的集体振动态,表现为等离子体的共振。这个过程通常由准粒子,即等离激元的产生来描述。等离激元的能量与材料特性有关,通常在 5~30eV 的范围内。等离激元的衰变将产生二次电子和/或热量。

3.3.1　阻止本领:Bethe – Bloch 公式

在连续慢化近似中,可利用阻止本领来计算能量损失。采用量子力学的处理方法,Bethe[3] 提出了阻止本领的公式为

$$-\frac{\mathrm{d}E}{\mathrm{d}z} = \frac{2\pi e^4 NZ}{E}\ln\left(\frac{1.166E}{I}\right) \tag{3.14}$$

式中:I 为平均电离能。

根据 Berger 和 Seltzer 的文献[23],I 可以近似为以下简单公式,即

$$I = (9.76 + 58.8Z^{-1.19})Z \tag{3.15}$$

Bethe – Bloch 公式适用于能量高于 I 的情况。当 $E \rightarrow I/1.166$ 时,式(3.15)趋近于零($I \rightarrow 0$)。当 $E < I/1.166$ 时,由 Bethe – Bloch 公式预测的阻止本领则成为负值。因此低能量的阻止本领需要与此不同的计算方法(参阅 3.3.3 节的介电理论方法)。

3.3.2　阻止本领:半经验公式

阻止本领还可以使用以下半经验公式描述:

$$-\frac{\mathrm{d}E}{\mathrm{d}z} = \frac{K_e NZ^{8/9}}{E^{2/3}} \tag{3.16}$$

它是由 Kanaya 和 Okayama 在 1972 年提出的(这里 $K_e = 360\mathrm{eV}^{5/3}\text{Å}^2$)[5]。下面的公式可以用解析方式估算以初始能量 E_0 为函数的最大射程 R,即

$$R = \int_{E_0}^{0} \frac{\mathrm{d}E}{\mathrm{d}E/\mathrm{d}z} = \frac{3E_0^{5/3}}{5K_e NZ^{8/9}} \propto E_0^{1.67} \tag{3.17}$$

类似地估算电子在固体靶中最大射程的经验公式是由 Lane 和 Zaffarano[4] 在 1954 年首次提出的,并且发现它们的射程 – 能量实验数据(通过研究 0 ~ 40keV 能量范围的电子在塑料和金属薄膜中的透射获得)均在下面简单公式计算结果的 15% 以内,即

$$E_0 = 22.2R^{0.6} \qquad (3.18)$$

式中:E_0 的单位是 keV;射程 R 的单位是 mg/cm^2。

因此,Kanaya 和 Okayama 公式与 Lane 和 Zaffarano 的实验观测得到的表达式是一致的,这个表达式为

$$R \propto E_0^{1.67} \qquad (3.19)$$

3.3.3 介电理论

为了获得对电子能量损失过程、阻止本领、非弹性散射平均自由程非常精确的描述,且在电子能量低时也适用,有必要考虑全体传导电子对于电子穿过固体时产生的电磁场的响应,这种响应由复介电函数来描述。在第 12 章中将描述 Ritchie 理论[6,24],特别证明了计算阻止本领和非弹性散射平均自由程所必需的能量损失函数 $f(k,\omega)$ 是介电函数虚部的倒数,即

$$f(k,\omega) = \text{Im}\left[\frac{1}{\varepsilon(k,\omega)}\right] \qquad (3.20)$$

式中:$\hbar k$ 为动量转移;$\hbar\omega$ 为电子能量损失。

如果得到了能量损失函数,非弹性散射平均自由程倒数的微分可以计算为[25]

$$\frac{\mathrm{d}\lambda_{\text{inel}}^{-1}}{\mathrm{d}\hbar\omega} = \frac{1}{\pi E a_0}\int_{k_-}^{k_+}\frac{\mathrm{d}k}{k}f(k,\omega) \qquad (3.21)$$

其中

$$\hbar k_{\pm} = \sqrt{2mE} \pm \sqrt{2m(E-\hbar\omega)} \qquad (3.22)$$

式中:E 为电子能量;m 为电子质量;a_0 为玻尔半径。式(3.22)给出的积分范围来自于守恒定律(见 5.2.3 节)。

为了计算介电函数及能量损失函数,需要考虑电位移矢量 $\mathcal{D}$[17,18]。如果 $\mathcal{P}$ 是材料的极化强度,$\mathcal{E}$ 为电场,则

$$\mathcal{P} = \chi_\varepsilon \mathcal{E} \qquad (3.23)$$

其中

$$\chi_\varepsilon = \frac{\varepsilon - 1}{4\pi} \qquad (3.24)$$

且

$$\mathcal{D} = \mathcal{E} + 4\pi\mathcal{P} = (1 + 4\pi\chi_\varepsilon)\mathcal{E} = \varepsilon\mathcal{E} \qquad (3.25)$$

如果 n 是外层电子的密度,即固体内单位体积的外层电子数目,ξ 是由电场造成的电子位移,则

$$\mathcal{P} = en\xi \tag{3.26}$$

因此

$$|\mathcal{E}| = \frac{4\pi en\xi}{\varepsilon - 1} \tag{3.27}$$

考虑电子弹性束缚的经典模型,弹性常数 $k_n = m\omega^2$ 表示由碰撞引起的用阻尼常数 Γ 描述的摩擦阻尼效应的作用。其中 m 为电子质量,ω_n 为固有频率。电位移满足公式[26]

$$m\ddot{\xi} + \beta\dot{\xi} + k_n\xi = e\mathcal{E} \tag{3.28}$$

式中:$\beta = m\Gamma$。

假设 $\xi = \xi_0 \exp(i\omega t)$,则直观的计算可推出

$$\varepsilon(0,\omega) = 1 - \frac{\omega_p^2}{\omega^2 - \omega_n^2 - i\Gamma\omega} \tag{3.29}$$

式中:ω_p 为等离子体频率,可表示为

$$\omega_p^2 = \frac{4\pi ne^2}{m} \tag{3.30}$$

下面考虑自由谐振子和束缚谐振子的叠加。在这种情况下,介电函数为

$$\varepsilon(0,\omega) = 1 - \omega_p^2 \sum_n \frac{f_n}{\omega^2 - \omega_n^2 - i\Gamma_n\omega} \tag{3.31}$$

式中:Γ_n 为正摩擦阻尼系数;f_n 为以能量 $\hbar\omega_n$ 束缚的价电子的比例。

在前面的公式中,可以获得介电函数从光学极限(对应于 $k=0$)到 $k>0$ 的扩展,包括与色散关系相关的能量 $\hbar\omega_k$,因此

$$\varepsilon(k,\omega) = 1 - \omega_p^2 \sum_n \frac{f_n}{\omega^2 - \omega_n^2 - \omega_k^2 - i\Gamma_n\omega} \tag{3.32}$$

在确定色散关系时,需要考虑一个称为 Bethe 色散脊的限制。根据 Bethe 色散脊,当 $k \to \infty$,$\hbar\omega_k$ 会接近 $\hbar^2 k^2/2m$。当然,获得该结果的一个显而易见的方法(实际是最简单的方法)是假设[25-27]

$$\hbar\omega_k = \frac{\hbar^2 k^2}{2m} \tag{3.33}$$

根据 Ritchie 的文献[6]和 Richie、Howie 的文献[24],另一种满足 Bethe 色散脊限制的方法是使用下面的公式,即

$$\hbar^2\omega_k^2 = \frac{3\hbar^2 v_F^2 k^2}{5} + \frac{\hbar^4 k^4}{4m^2} \tag{3.34}$$

式中:v_F 为费米速度。

当介电函数已知,则能量损失函数 $\text{Im}[1/\varepsilon(k,\omega)]$ 可表示为

$$\text{Im}\left[\frac{1}{\varepsilon(k,\omega)}\right] = -\frac{\varepsilon_2}{\varepsilon_1^2 + \varepsilon_2^2} \qquad (3.35)$$

其中

$$\varepsilon(k,\omega) = \varepsilon_1(k,\omega) + i\varepsilon_2(k,\omega) \qquad (3.36)$$

计算能量损失函数可直接使用实验光学数据。图 3.7 和图 3.8 中分别给出了聚甲基丙烯酸甲酯(PMMA)和二氧化硅(SiO$_2$)的光学能量损失函数。

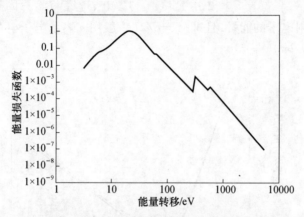

图 3.7 电子在 PMMA 中的光学能量损失函数(能量低于 72eV 时使用
Ritsko 等人[28]的光学数据。对于更高的能量,光学能量损失函数的
计算使用 Henke 等人的原子光吸收数据[29,30])

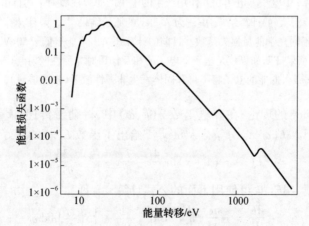

图 3.8 电子在 SiO$_2$ 中的光学能量损失函数(能量低于 33.6eV 时使用
Buechner[31]的光学数据。对于更高的能量,光学能量损失函数的
计算使用 Henke 等人的原子光吸收数据[29,30])

将能量损失函数二次展开到能量和动量转移平面,可以将介电函数从光学极限扩展到 $k > 0$ [32-34]。

Penn[32] 和 Ashley[33,34] 通过使用光学数据及上面所讨论的介电函数从光学极限到 $k > 0$ 的扩展计算了能量损失函数。根据 Ashley 的文献[33,34],电子透射到固体靶的非弹性散射平均自由程的倒数 λ_{inel}^{-1} 可通过下面的公式计算(图 3.9 和图 3.10),即

$$\lambda_{inel}^{-1}(E) = \frac{me^2}{2\pi\hbar^2 E} \int_0^{W_{max}} \mathrm{Im}\left[\frac{1}{\varepsilon(0,\omega)}\right] L\left(\frac{\omega}{E}\right) \mathrm{d}\omega \qquad (3.37)$$

式中:E 为入射电子的能量,且 $W_{max} = E/2$(一般用 e 表示电子电荷量,$\hbar$ 是普朗克常数 h 除以 2π)。

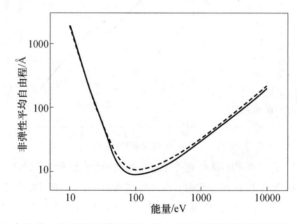

图 3.9 PMMA 中电子 – 电子相互作用产生的电子的非弹性散射平均自由程(实线表示基于 Ashely 模型[33] 的计算结果,虚线为 Ashley 的原始结果[33]。两种计算结果的差别是由于使用了不同光学能量损失函数。目前的计算还给出了能量低于 50eV 的计算结果,该结果证明如果仅是电子 – 电子的相互作用对非弹性散射起作用,那么低能的电子将不再和固体发生非弹性散射(损失能量))

根据 Ashley 的理论,在介电函数 $\varepsilon(\boldsymbol{k},\omega)$ 中,将动量传递 $\hbar\boldsymbol{k}$ 设为 0,ε 与 k 的关系通过函数 $L(\omega/E)$ 分解。Ashley[33] 给出了函数 $L(x)$ 的良好近似,即

$$L(x) = (1-x)\ln\frac{4}{x} - \frac{7}{4}x + x^{3/2} - \frac{33}{32}x^2 \qquad (3.38)$$

阻止本领 $-\mathrm{d}E/\mathrm{d}z$ 可使用下面的公式计算[33],即

$$-\frac{\mathrm{d}E}{\mathrm{d}z} = \frac{me^2}{\pi\hbar^2 E} \int_0^{W_{max}} \mathrm{Im}\left[\frac{1}{\varepsilon(0,\omega)}\right] S\left(\frac{\omega}{E}\right) \omega\mathrm{d}\omega \qquad (3.39)$$

其中

$$S(x) = \ln\frac{1.166}{x} - \frac{3}{4}x - \frac{x}{4}\ln\frac{4}{x} + \frac{1}{2}x^{3/2} - \frac{x^2}{16}\ln\frac{4}{x} - \frac{31}{48}x^2 \qquad (3.40)$$

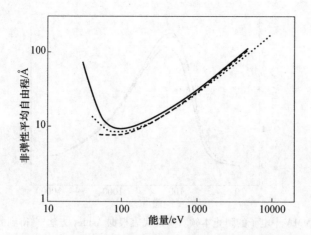

图 3.10 SiO₂ 中电子 – 电子相互作用产生的电子的非弹性散射平均自由程(实线表示
基于 Ashely 模型[33]的计算结果,虚线为 Ashley 和 Anderson 的数据[36],点线为
Tanuma、Powell 和 Penn 的计算结果[40]。计算结果的差别是由于使用了不同
光学能量损失函数。目前的计算还给出了能量低于 50eV 的计算结果,
该结果证明如果仅是电子 – 电子的相互作用对非弹性散射起作用,
那么低能的电子将不再和固体发生非弹性散射(损失能量))

正电子的非弹性散射平均自由程及阻止本领可以用类似的方法计算[34],即

$$\left(\lambda_{inel}^{-1} \right)_p = \frac{me^2}{2\pi\hbar^2 E} \int_0^{W_{max}} \mathrm{Im}\left[\frac{1}{\varepsilon(0,\omega)} \right] L_p\left(\frac{\omega}{E} \right) \mathrm{d}\omega \tag{3.41}$$

$$\left(-\frac{\mathrm{d}E}{\mathrm{d}z} \right)_p = \frac{me^2}{2\pi\hbar^2 E} \int_0^{W_{max}} \mathrm{Im}\left[\frac{1}{\varepsilon(0,\omega)} \right] S_p\left(\frac{\omega}{E} \right) \omega \mathrm{d}\omega \tag{3.42}$$

其中

$$L_p(x) = \ln\left(\frac{1 - x/2 + \sqrt{1 - 2x}}{1 - x/2 - \sqrt{1 - 2x}} \right) \tag{3.43}$$

$$S_p(x) = \ln\left(\frac{1 - x + \sqrt{1 - 2x}}{1 - x - \sqrt{1 - 2x}} \right) \tag{3.44}$$

图 3.11 和图 3.12 分别给出了 PMMA 及 SiO₂ 中电子的阻止本领,并与其他研
究者的计算结果进行了比较。所给出的计算结果采用了上面描述过的 Ashley 理
论。当 $\varepsilon(0,\omega)$ 已知,则电子非弹性散射平均自由程倒数的微分 $\mathrm{d}\lambda_{inel}^{-1}(\omega,E)/\mathrm{d}\omega$
可以用下式计算,即

$$\frac{\mathrm{d}\lambda_{inel}^{-1}(\omega,E)}{\mathrm{d}\omega} = \frac{me^2}{2\pi\hbar^2 E} \mathrm{Im}\left[\frac{1}{\varepsilon(0,\omega)} \right] L\left(\frac{\omega}{E} \right) \tag{3.45}$$

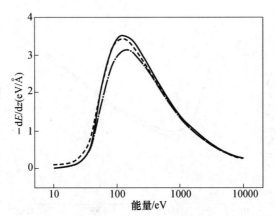

图 3.11　PMMA 中电子的阻止本领。实线代表根据 Ashley 方法[33]得到的计算结果
（虚线为 Ashley 的原始结果[33]，点线为 Tan 等人的计算结果[35]。在这三种情况下
所使用的不同光学能量损失函数可解释计算结果的差别）

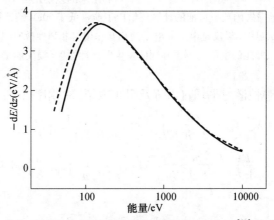

图 3.12　SiO₂ 中电子的阻止本领(实线代表根据 Ashley 方法[33]得到的计算结果，
虚线为 Ashley 和 Anderson 的数据[36]。在这两种情况下所使用的
不同光学能量损失函数可解释计算结果的差别）

3.3.4　Drude 函数之和

Ritchie 和 Howie 的文献[24]提出将能量损失函数通过 Drude 函数的线性叠加计算，即

$$\mathrm{Im}\left[\frac{1}{\varepsilon(k,\omega)}\right]=\sum_n\frac{A_n\Gamma_n\hbar\omega}{[\omega_n^2(k)-\hbar^2\omega^2]^2+\hbar^2\omega^2\Gamma_n^2}\qquad(3.46)$$

根据式(3.34)，有

$$\omega_n(k) = \sqrt{\omega_n^2 + \frac{12E_F}{5}\frac{\hbar^2 k^2}{2m} + \left(\frac{\hbar^2 k^2}{2m}\right)^2} \tag{3.47}$$

在式(3.46)和式(3.47)中:E_F 为费米能量;ω_n、Γ_n、A_n 分别为 $k=0$ 时的激发能量、阻尼常数及强度[37]。

例如,Garcia – Molina 等人的文献[38]通过对实验光学数据的拟合获得了 5 种同素异形体碳(无定形碳、玻碳、C_{60} – 富勒烯晶体、石墨、金刚石)的参数值。表 3.1 中给出了 Garcia – Molina 等人的计算参数,可供参考。在图 3.13 中给出了 5 种同素异形体碳的光学能量损失函数。

表 3.1　Garcia – Molina 等人[38]拟合 5 种同素异形体碳(无定形碳、玻碳、C_{60} – 富勒烯晶体、石墨、金刚石)的外部电子光学能量损失函数所选择的计算参数

靶材	n	ω_n/eV	Γ_n/eV	A_n/eV^2
无定形碳	1	6.26	5.71	9.25
	2	25.71	13.33	468.65
玻碳	1	2.31	4.22	0.96
	2	5.99	2.99	6.31
	3	19.86	6.45	77.70
	4	23.67	12.38	221.87
	5	38.09	54.42	110.99
C_{60} – 富勒烯晶体	1	6.45	2.45	6.37
	2	14.97	6.26	16.52
	3	24.49	13.06	175.13
	4	28.57	12.24	141.21
	5	40.82	27.21	141.47
石墨	1	2.58	1.36	0.18
	2	6.99	1.77	7.38
	3	21.77	8.16	73.93
	4	28.03	6.80	466.69
	5	38.09	68.03	103.30
金刚石	1	22.86	2.72	22.21
	2	29.93	13.61	140.64
	3	34.77	11.43	843.85

在图 3.14 中,对于 5 种同素异形体碳的非弹性散射平均自由程倒数的微分可以用下式计算(见式(3.20)和式(3.21)),即

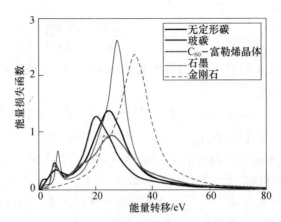

图 3.13　根据 Ritchie 和 Howie 的文献[24]，使用 Garcia – Molina 等人提供的参数[38]，
由 Drude 函数之和计算得到同素异形体碳(无定形碳、玻碳、C_{60} – 富勒烯晶体、
石墨、金刚石)的光学能量损失函数随激发能量的函数关系

$$\frac{\mathrm{d}\lambda_{\mathrm{inel}}^{-1}}{\mathrm{d}\hbar\omega} = \frac{1}{\pi a_0 E}\int_{k_-}^{k_+}\frac{\mathrm{d}k}{k}\mathrm{Im}\Big[\frac{1}{\varepsilon(k,\omega)}\Big] \tag{3.48}$$

式中：k_- 和 k_+ 由式(3.22)给出，它是入射电子能量 $E = 250\mathrm{eV}$ 时能量损失 $W = \hbar\omega$ 的函数。

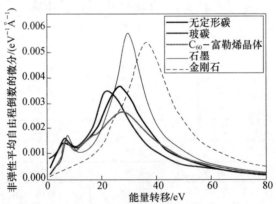

图 3.14　电子照射在 5 种同素异形体碳(无定形碳、玻碳、C_{60} – 富勒烯晶体、石墨、
金刚石)上的非弹性散射平均自由程倒数的微分随电子能量损失的
函数关系(入射电子能量 $E = 250\mathrm{eV}$)

　　通过比较代表光学能量损失函数的曲线形状，图 3.13 中清楚地表现出了色散定律的效应。式(3.34)：峰展宽且变得更加非对称(见图 3.13 右边的拖尾)。
　　图 3.15 给出了 5 种同素异形体碳的电子的非弹性散射平均自由程，其倒数为

$$\lambda_{inel}^{-1} = \int_{W_{min}}^{W_{max}} \frac{d\lambda_{inel}^{-1}}{d\omega}d\omega \qquad (3.49)$$

式中,根据参考文献[37],导体的 $W_{min}=0$,半导体和绝缘材料的 W_{min} 为带隙能量,且 W_{max} 代表 $E-E_F$ 与 $(E+W_{min})/2$ 之间的最小值。

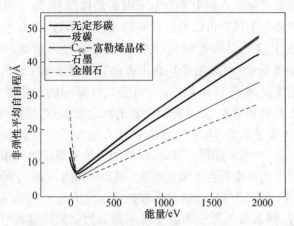

图 3.15　电子照射在 5 种同素异形体碳(无定形碳、玻碳、C_{60} – 富勒烯晶体、石墨、金刚石)上的非弹性散射平均自由程随电子动能的函数关系

值得注意的是,根据 Emfietzoglou 等人的文献[37],W_{max} 中的 1/2 系数是由于电子的不可区分性(按照惯例,认为入射电子是碰撞之后能量最高的电子)。

3.3.5　极化子效应

绝缘材料中的低能电子运动将感应出极化场,该场对运动的电子具有稳定效应。这种现象可以描述为一种准粒子,即极化子的产生。极化子具有相应的有效质量,并主要由电子(或在价带生成的空穴)和它周围的极化云构成。根据 Ganachaud 和 Mokrani 的文献[7],极化子效应可以通过该现象的非弹性散射平均自由程的倒数描述,它正比于低能电子被离子晶格捕获的概率,即

$$\lambda_{pol}^{-1} = Ce^{-\gamma E} \qquad (3.50)$$

式中:C 和 γ 为取决于电介质材料的常数。

因此,电子能量越低,电子损失其能量并产生极化子的概率就越高。这种方法隐含这样的假设,当极化子产生,电子剩余动能可忽略不计。此外还假设电子在发生相互作用的位置被捕获并停留。这是一种十分粗略的近似,因为声子产生过程中被捕获的电子实际上可以从一个捕获位置跃迁到另一个位置。但是,在蒙特卡罗模拟中,这仍是一个足够精确的近似,因此本书在处理绝缘材料的二次电子发射时将使用这一近似。

3.4 非弹性散射平均自由程

前文已经讨论了对于能量高于 50eV 的电子,决定其非弹性散射截面及相对能量损失的主要机制是入射电子与电子海的集体激发,即等离激元之间的相互作用。这种能量损失机制可以通过计算能量损失函数,即介电函数虚部的倒数描述。以取决于能量损失和动量转移的介电函数为基础,采用 Ritchie 理论[6,24]可以计算电子非弹性散射平均自由程倒数的微分和电子非弹性散射平均自由程。当电子能量高于 50eV 时,由介电公式计算的电子非弹性散射平均自由程及电子阻止本领和实验(及其他研究者的理论数据)均符合地非常好。

另外,当电子能量低于 50eV 时,单独使用介电公式已不能准确描述能量损失现象了。实际上,当电子能量降低时,仅使用电子 – 等离激元相互作用计算的电子非弹性散射平均自由程会无限地增大(图 3.9 和图 3.10),同时阻止本领很快趋于零(图 3.11 和图 3.12)。这意味着如果仅仅是电子 – 等离激元相互作用引起非弹性散射,那么如此低能的电子将不再和固体发生非弹性散射(损失能量)。那么,这些低能电子将保持动能不变的行进。对于半无限靶材,电子将在固体中要么永远输运下去,要么到达表面被发射。

事实上,当能量低于 20 ~ 30eV 时,进一步的能量损失机制变得非常重要(电子–声子和电子–极化子相互作用),因此,当电子能量趋于零时,实际的非弹性散射平均自由程趋于零(图 3.16)。

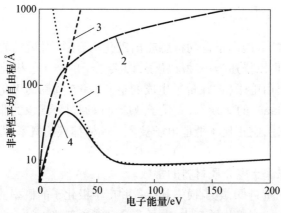

图 3.16　PMMA 中不同能量损失机制所对应的电子的非弹性散射平均自由程(电子 – 电子非弹性散射平均自由程 λ_{inel} 用曲线 1 表示。电子 – 声子非弹性散射平均自由程 λ_{phonon} 用曲线 2 表示。电子 – 极化子非弹性散射平均自由程 λ_{pol} 用曲线 3 表示。电子非弹性散射平均自由程 λ_{in} 表示为 $\lambda_{in} = \lambda_{inel}^{-1} + \lambda_{phonon}^{-1} + \lambda_{pol}^{-1}$,并用曲线 4 表示,当电子能量趋于零时非弹性散射平均自由程也趋于零。$W_{ph} = 0.1eV, C = 0.15 Å^{-1}, \gamma = 0.14 eV^{-1}$)

3.5 界面现象

体与表面等离激元损失。在 Drude 自由电子理论中,等离子体频率 ω_p 由式(3.30)给出,代表了一定体积内的集体激发频率,对应了在固体中传播的体等离激元的能量,即

$$E_p = \hbar\omega_p \qquad (3.51)$$

因此,在电子能量损失谱中,希望可从弹性或零损失峰观察到体等离激元峰,其最大能量位于能量 E_p 处(由式(3.51)给出)。

此外,与表面等离激元激发相关的特征将出现在体样品靶反射模式的谱图中,或者薄样品或小粒子的透射模式谱图中[39]。实际上,由于麦克斯韦方程边界条件,在接近表面处激发模式(表面等离激元)以略低于体共振频率的共振频率产生。

对含有自由电子的金属来说,表面等离激元的能量可以通过下面的方法进行简单地估算[9]。一般来说,类似于在固体内部行进的体等离激元,由于两种不同材料存在界面,以 a 和 b 来表示两种材料,纵波沿着界面行进。从连续性考虑,满足式[9]

$$\varepsilon_a + \varepsilon_b = 0 \qquad (3.52)$$

式中:ε_a 为界面 a 侧的介电函数;ε_b 为界面 b 侧的介电函数。

考虑真空/金属界面这种特定的情况,并且为了简化起见,忽略阻尼,因此 $\Gamma \approx 0$。如果 a 代表真空,则有

$$\varepsilon_a = 1 \qquad (3.53)$$

和

$$\varepsilon_b \approx 1 - \frac{\omega_p^2}{\omega_s^2} \qquad (3.54)$$

式中,用 ω_s 表示沿着表面的电荷密度运动的纵波频率。因此可从式(3.52)得到,即

$$2 - \frac{\omega_p^2}{\omega_s^2} = 0$$

因此,表面等离激元能量为 $E_s = \hbar\omega_s$,即在能量损失谱中,表面等离激元峰在距离弹性峰以下的能量位置处,即

$$E_s = \frac{E_p}{\sqrt{2}} \tag{3.55}$$

Chen 和 Kwei 理论。Chen 和 Kwei[41] 使用介电理论说明从固体表面出射的电子非弹性散射平均自由程倒数的微分可以分解为两项：第一项是在无限介质中的非弹性散射平均自由程倒数的微分；第二项是所谓的表面项，它和延伸到真空 – 固体界面两侧的表面层相关。因此，即使电子在外部，只要电子和表面足够接近，仍然可以和固体发生非弹性相互作用。在表面附近产生的电子谱必然受到这些表面效应的影响。

Chen 和 Kwei 理论的初始版本只涉及向外的抛射物[41]。Li 等人[42] 将其推广到向内的抛射物，详见第 13 章。

当电子接近表面时，该理论预测了向内及向外的电子非弹性散射平均自由程倒数的不同趋势。尤其是，向内运动的电子的非弹性散射平均自由程的倒数在平均值，即体非弹性散射平均自由程的倒数附近略微摆动，这种现象可解释为电子正在穿过表面。

采用 Chen 和 Kwei 理论，对于任意给定的电子动能，可以计算出非弹性散射平均自由程的倒数(IIMFP)与 z 的关系。在图 3.17 和图 3.18 中，分别给出了 Al 和 Si 的非弹性散射平均自由程的倒数随电子能量和深度的函数关系(包括固体内部和外部)。

Chen 和 Kwei 理论[41] 及 Li 等人[42] 对其的推广最近已被用来模拟 Al 和 Si 的表面及体等离激元损失峰[43]。

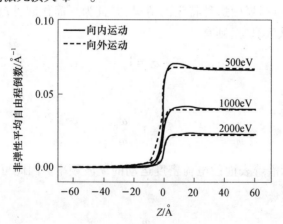

图 3.17　以三种动能入射或离开的电子在 Al 中的非弹性散射平均
自由程的倒数随与表面距离(在固体中及在真空中)的变化关系

基于实验谱图中来自于电子发生单次向外的大角度弹性散射（V形轨迹[44]）的假设下，可以计算能量损失谱。在图3.19和图3.20中，给出了基于Chen和Kwei及Li的理论[41,42]，对Al和Si的单次V形轨迹模型的计算结果，并与实验数据进行了比较[43]。计算和实验的谱图均被归一化到体等离激元峰的公有高度。

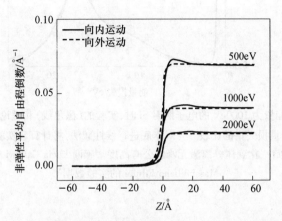

图3.18　以三种动能入射或离开的电子在Si中的非弹性散射平均自由程的倒数随与表面距离（在固体中及在真空中）的变化关系

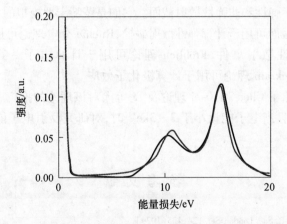

图3.19　能量为1000eV的电子照射Al时，实验的（黑色线）和理论的（灰色线）电子能量损失谱的比较[43]（对本底进行线性减法，将计算和实验的谱图归一化到体等离激元峰的公有高度。感谢Lucia Calliari和Massimiliano Filippi的实验数据）

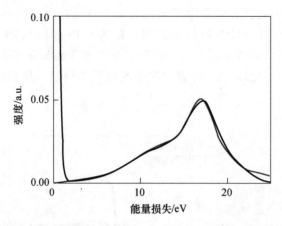

图 3.20　能量为 1000eV 的电子照射 Si 时,实验的(黑色线)和理论的(灰色线)
电子能量损失谱的比较[43](对本底进行线性减法,将计算和实验的谱图
归一化到体等离激元峰的公有高度。感谢 Lucia Calliari 和
Massimiliano Filippi 的实验数据)

3.6　小结

本章描述了弹性和非弹性散射截面。它们是蒙特卡罗模拟的主要组成部分。

Mott 散射截面可用于计算弹性散射碰撞,Ritchie 介电理论可用于计算电子 - 等离激元非弹性散射事件,Fröhlich 理论可用于计算电子 - 声子能量损失, Ganachaud 和 Mokrani 理论可用于计算极化子效应。

本章还介绍了 Chen 和 Kwei 理论及 Li 等人对该理论的推广。这些理论可以处理界面现象,且当电子能量小于 2 ~ 3keV 时,对研究反射电子能量损失谱特别重要。

参 考 文 献

[1] N. F. Mott,Proc. R. Soc. London Ser. 124,425(1929).

[2] H. Fröhlich,Adv. Phys. 3,325(1954).

[3] H. A. Bethe,Ann. Phys. Leipzig 5,325(1930).

[4] R. O. Lane,D. J. Zaffarano,Phys. Rev. 94,960(1954).

[5] K. Kanaya,S. Okayama,J. Phys. D. Appl. Phys. 5,43(1972).

[6] R. H. Ritchie,Phys. Rev. 106,874(1957).

[7] J. P. Ganachaud,A. Mokrani,Surf. Sci. 334,329(1995).

[8] P. Sigmund, *Particle Penetration and Radiation Effects* (Springer, Berlin, 2006).

[9] R. F. Egerton, *Electron Energy – Loss Spectroscopy in the Electron Microscope*, 3rd edn. (Springer, New York, Dordrecht, Heidelberg, London, 2011).

[10] R. F. Egerton, Rep. Prog. Phys. 72, 016502 (2009).

[11] A. Jablonski, F. Salvat, C. J. Powell, J. Phys. Chem. Data 33, 409 (2004).

[12] M. Dapor, J. Appl. Phys. 79, 8406 (1996).

[13] M. Dapor, *Electron – Beam Interactions with Solids : Application of the Monte Carlo Method to Electron Scattering Problems* (Springer, Berlin, 2003).

[14] M. L. Jenkin, M. A. Kirk, *Characterization of Radiation Damage by Electron Microscopy* (IOP Series Microscopy in Materials Science, Institute of Physics, Bristol, 2001).

[15] G. Wentzel, Z. Phys. 40, 590 (1927).

[16] S. Taioli, S. Simonucci, L. Calliari, M. Filippi, M. Dapor, Phys. Rev. B 79, 085432 (2009).

[17] S. Taioli, S. Simonucci, M. Dapor, Comput. Sci. Discovery 2, 015002 (2009).

[18] S. Taioli, S. Simonucci, L. Calliari, M. Dapor, Phys. Rep. 493, 237 (2010).

[19] F. Salvat, R. Mayol, Comput. Phys. Commun. 74, 358 (1993).

[20] E. Reichert, Z. Phys. 173, 392 (1963).

[21] M. Dapor, Phys. Rev. B 46, 618 (1992).

[22] J. Llacer, E. L. Garwin, J. Appl. Phys. 40, 2766 (1969).

[23] M. J. Berger, S. M. Seltzer, Nat. Res. Counc. Publ. 1133, 205 (1964). (Washington, DC).

[24] R. H. Ritchie, A. Howie, Phil. Mag. 36, 463 (1977).

[25] F. Yubero, S. Tougaard, Phys. Rev. B 46, 2486 (1992).

[26] H. Raether, *Excitation of Plasmons and Interband Transitions by Electrons* (Springer, Berlin, 1982).

[27] A. Cohen – Simonsen, F. Yubero, S. Tougaard, Phys. Rev. B 56, 1612 (1997).

[28] J. J. Ritsko, L. J. Brillson, R. W. Bigelow, T. J. Fabish, J. Chem. Phys. 69, 3931 (1978).

[29] B. L. Henke, P. Lee, T. J. Tanaka, R. L. Shimabukuro, B. K. Fujikawa, At. Data Nucl. Data Tables 27, 1 (1982).

[30] B. L. Henke, P. Lee, T. J. Tanaka, R. L. Shimabukuro, B. K. Fujikawa, At. Data Nucl. Data Tables 54, 181 (1993).

[31] U. Buechner, J. Phys. C : Solid State Phys. 8, 2781 (1975).

[32] D. R. Penn, Phys. Rev. B 35, 482 (1987).

[33] J. C. Ashley, J. Electron Spectrosc. Relat. Phenom. 46, 199 (1988).

[34] J. C. Ashley, J. Electron Spectrosc. Relat. Phenom. 50, 323 (1990).

[35] Z. Tan, Y. Y. Xia, X. Liu, M. Zhao, Microelectron. Eng. 77, 285 (2005).

[36] J. C. Ashley, V. E. Anderson, IEEE Trans. Nucl. Sci. NS28, 4132 (1981).

[37] D. Emfietzoglou, I. Kyriakou, R. Garcia – Molina, I. Abril, J. Appl. Phys. 114, 144907 (2013).

[38] R. Garcia – Molina, I. Abril, C. D. Denton, S. Heredia – Avalos, Nucl. Instrum. Methods Phys. Res. B 249, 6 (2006).

[39] C. J. Powell, J. B. Swann, Phys. Rev. 115, 869 (1959).

[40] S. Tanuma, C. J. Powell, D. R. Penn, Surf. Interface Anal. 17, 911 (1991).

[41] Y. F. Chen, C. M. Kwei, Surf. Sci. 364, 131 (1996).

[42] Y. C. Li, Y. H. Tu, C. M. Kwei, C. J. Tung, Surf. Sci. 589, 67 (2005).

[43] M. Dapor, L. Calliari, S. Fanchenko, Surf. Interface Anal. 44, 1110 (2012).

[44] A. Jablonski, C. J. Powell, Surf. Sci. 551, 106 (2004).

第 4 章
随机数

蒙特卡罗是一种统计方法,其结果的正确性取决于所模拟电子轨迹的数目和模拟中所使用的伪随机数发生器。本章将简要概述如何产生伪随机数,并叙述如何计算与蒙特卡罗方法特别相关的随机数分布[1]。

本章将首先关注在[0,1]范围内生成均匀分布的伪随机数的发生器,这样的随机数一旦给定,将依次给出在给定区间内产生均匀分布的伪随机数的方法,基于泊松概率密度分布的伪随机数产生方法以及基于高斯概率密度分布的伪随机数产生方法[2]。

4.1 伪随机数的产生

在给定区间产生均匀分布的伪随机数的算法视为是一种最常用的算法,该算法由一个"种子"数提供完整的随机数序列:由一个种子的初始数开始,随后的随机数可以通过公式从前一个随机数计算出后面的每一个随机数。而如果知道上一个计算的随机数,则这个序列的每一个数都是可计算的[2,3]。

假设 μ_n 为第 n 个伪随机数,则下一个随机数 μ_{n+1} 可以表示为

$$\mu_{n+1} = (a\mu_n + b) \bmod m \tag{4.1}$$

式中:a、b、m 是三个整数,用合适的方法选择三个"魔数"a、b、m 的值,则可以得到对应最大周期(等于 m)的随机数序列。采用这种方法,对每一个初始种子 μ_0,$0 \sim m-1$ 的所有整数均在此序列内。

有几种方法可以确定三个"魔数"a、b 和 m 的值。使用统计检验的方法可用于确定三个数 a、b 和 m 的值,以便恰当地近似均匀分布在 $0 \sim m-1$ 区间的整数随机数序列[2]。一种简单的方法即所谓的"最小标准"法,对应 $a = 16807$、$b = 0$、$m = 2147483647$。

只要把式(4.1)得到的所有数除以 m 即可获得均匀分布在[0,1]范围内的实数序列。

目前,在程序语言如 C 或 C ++ 中使用的伪随机数发生器比最小标准法更为准确。它们是一种基于类似式(4.1)所描述的方法[2]。

4.2 伪随机数发生器的测试

一种经典的测试伪随机数发生器质量及均匀性的方法是模拟 $\pi = 3.14\cdots$。在 $[-1,1]$ 范围内生成大量的成对的统计随机数,如果生成的伪随机数的分布接近理想的均匀分布的随机数,那么产生的位于单位圆周内的这部分点的比例(在圆内的随机数对的个数除以随机数对的总个数)将接近 $\pi/4$。使用由 C ++ 编译器"Dev – C ++4.9.9.0"提供的随机数发生器"rand( )"获得 π 的值,随机数对为 10^7 时,$\pi = 3.1411 \pm 0.0005$,随机数对为 10^8 时,$\pi = 3.1415 \pm 0.0001$,随机数对为 10^9 时,$\pi = 3.1417 \pm 0.0001$。

4.3 基于给定概率密度的伪随机数分布

用 ξ 表示定义在 $[a,b]$ 范围内按照给定概率密度 $p(s)$ 分布的随机数变量。如果 μ 代表均匀分布在 $[0,1]$ 范围内的随机数变量,那么 ξ 的值可用下式得到,即

$$\int_a^\xi p(s)\,\mathrm{d}s = \mu \tag{4.2}$$

4.4 区间 $[a,b]$ 内均匀分布的伪随机数

由在 $[0,1]$ 范围内均匀分布的 μ 开始,可以使用式(4.2)获得均匀分布在区间 $[a,b]$ 内的 η。分布 η 对应的概率密度为

$$p_\eta(s) = \frac{1}{b-a} \tag{4.3}$$

η 满足

$$\mu = \int_a^\eta p_\eta(s)\,\mathrm{d}s = \int_a^\eta \frac{\mathrm{d}s}{b-a} \tag{4.4}$$

因此得到

$$\eta = a + \mu(b-a) \tag{4.5}$$

该分布的期望值为

$$\langle \eta \rangle = (a+b)/2 \tag{4.6}$$

4.5 基于泊松概率密度的伪随机数分布

由在[0,1]范围内的均匀分布 μ 开始,同样可以使用式(4.2)获得泊松分布。它在蒙特卡罗模拟中是一种非常重要的分布,这是因为多级散射的随机过程符合泊松类型的规律。泊松分布由下面的概率密度定义,即

$$p_\chi(s) = \frac{1}{\lambda}\exp\left(-\frac{s}{\lambda}\right) \tag{4.7}$$

式中:λ 为常数。

定义在区间$[0,\infty)$,基于泊松规律分布的随机变量χ 可由下式计算,即

$$\mu = \int_0^\chi \frac{1}{\lambda}\exp\left(-\frac{s}{\lambda}\right)\mathrm{d}s \tag{4.8}$$

式中,μ 通常是均匀分布在[0,1]范围内的随机变量,因此

$$\chi = -\lambda\ln(1-\mu) \tag{4.9}$$

由于 $1-\mu$ 的分布等于 μ 的分布,因此可得

$$\chi = -\lambda\ln\mu \tag{4.10}$$

χ 的期望值为常数 λ,则有

$$\langle\chi\rangle = \lambda \tag{4.11}$$

4.6 基于高斯概率密度的伪随机数分布

为了描述弹性峰,需要计算高斯分布的随机变量。本书中使用 Box – Muller 方法[2]计算高斯密度分布的随机数序列。

用 μ_1 和 μ_2 表示在[0,1]区间内均匀分布的随机数序列。考虑下面的变换:

$$\gamma_1 = \sqrt{-2\ln\mu_1}\cos 2\pi\mu_2 \tag{4.12}$$

$$\gamma_2 = \sqrt{-2\ln\mu_1}\sin 2\pi\mu_2 \tag{4.13}$$

代数运算可以得到 μ_1 和 μ_2,即

$$\mu_1 = \exp\left[-\frac{1}{2}(\gamma_1^2 + \gamma_2^2)\right] \tag{4.14}$$

$$\mu_2 = \frac{1}{2\pi}\arctan\frac{\gamma_2}{\gamma_1} \tag{4.15}$$

考虑对应随机变量 γ_1 和 γ_2 的随机变量 μ_1 和 μ_2 的雅可比行列式 J,由于

$$\frac{\partial\mu_1}{\partial\gamma_1} = -\gamma_1\exp\left[-\frac{1}{2}(\gamma_1^2 + \gamma_2^2)\right] \tag{4.16}$$

$$\frac{\partial \mu_1}{\partial \gamma_2} = -\gamma_2 \exp\left[-\frac{1}{2}(\gamma_1^2 + \gamma_2^2)\right] \tag{4.17}$$

$$\frac{\partial \mu_2}{\partial \gamma_1} = -\frac{1}{2\pi}\frac{\gamma_2}{\gamma_1^2 + \gamma_2^2} \tag{4.18}$$

$$\frac{\partial \mu_2}{\partial \gamma_2} = \frac{1}{2\pi}\frac{\gamma_1}{\gamma_1^2 + \gamma_2^2} \tag{4.19}$$

雅可比行列式为

$$J = \frac{\partial \mu_1}{\partial \gamma_1}\frac{\partial \mu_2}{\partial \gamma_2} - \frac{\partial \mu_2}{\partial \gamma_1}\frac{\partial \mu_1}{\partial \gamma_2} = -g(\gamma_1)g(\gamma_2) \tag{4.20}$$

其中

$$g(\gamma) = \frac{\exp(-\gamma^2/2)}{\sqrt{2\pi}} \tag{4.21}$$

由此得到基于高斯密度分布的两个随机变量 γ_1 和 γ_2。

4.7 小结

本章阐述了在给定区间产生均匀分布的伪随机数的算法。由一个种子数可以获得整个序列。从一个给定的初始数开始，提供了按照一个简单规则计算伪随机数序列的算法。已知上一个计算得到的伪随机数的值，则可以很容易地计算出序列中的其他随机数。一旦得到了[0,1]范围内均匀分布的伪随机数的发生器，则可以采用特定的算法获得给定概率密度分布的伪随机数序列。本章给出了几个对蒙特卡罗输运模拟有用的例子。

参 考 文 献

[1] M. Dapor, Surf. Sci. 600, 4728 (2006).

[2] W. H. Press, S. A. Teukolsky, W. T. Vetterling, B. P. Flannery, *Numerical Recipes in C. The Art of Scientific Computing*, 2nd edn. (Cambridge University Press, Cambridge, 1992).

[3] S. E. Koonin, D. C. Meredith, Computational Physics (Addison – Wesley, Redwood City, 1990).

第 5 章
蒙特卡罗策略

在评估与电子和固体相互作用相关的物理量方面,蒙特卡罗方法是一种非常强大的理论方法。可以将蒙特卡罗模拟认为是一种理想化的实验。蒙特卡罗模拟并不研究相互作用的基本原理。但是对于这些原理良好的认知,特别是对于能量损失和角度偏转现象的认知,有助于获得良好的模拟结果。提前准确地计算出所有的散射截面和平均自由程,然后在蒙特卡罗代码中使用,通过模拟大量的单个粒子的轨迹并对其取平均,可以获得相互作用过程的宏观特征。借助计算机计算能力的最新发展,现在可以在非常短的时间内获得统计上的重要结果。

可使用两种主要的策略模拟电子在固体靶中的输运。第一种是非常简单的所谓的连续慢化近似,假设电子在固体内行进时连续地损失能量,发生弹性散射时改变其方向。当入射束流及二次电子流中每一个电子的不同能量损失引起的能量损失统计波动对于待模拟量不重要时,这种方法由于其快速性而经常被使用。例如,计算背散射系数或被吸收电子的深度分布即为这种情况。如果所研究的现象需要对沿电子路径发生的所有非弹性散射,即能量损失的统计波动的正确描述,则要求使用第二种策略。第二种策略是一种恰当地考虑能量歧离的策略,它模拟沿电子轨迹所有的单次能量损失(还包括对弹性散射的描述以考虑电子方向的改变)。例如,计算从固体靶表面出射的电子的能量分布即属于这种情况。

本章将简要叙述这两种策略,而具体特征和细节会放在专门介绍应用的章节。

对两种策略的描述,将采用球坐标系 (r, θ, ϕ),且假设单能电子流沿着 z 方向辐照在固体靶材上。在第 6 章给出的一些应用中,还将考虑入射角相对于靶材表面法向不为零的情况。

5.1 连续慢化近似

本节首先叙述基于连续慢化近似的蒙特卡罗方法。该方法需要使用阻止本领来计算沿电子轨迹的能量损失,而电子角度的偏转由 Mott 散射截面的计算获得。

5.1.1　步长

假设多级散射的随机过程遵从泊松规律,步长 Δs 可表示为

$$\Delta s = -\lambda_{el}\ln\mu_1 \tag{5.1}$$

式中:μ_1 为在 $[0,1]$ 范围内均匀分布的随机数;λ_{el} 为弹性散射平均自由程,可表示为

$$\lambda_{el} = \frac{1}{N\sigma_{el}} \tag{5.2}$$

式中,N 为固体内单位体积的原子个数,σ_{el} 为总的弹性散射截面,可表示为

$$\sigma_{el}(E) = \int \frac{d\sigma_{el}}{d\Omega}d\Omega = \int_0^\pi \frac{d\sigma_{el}}{d\Omega}2\pi\sin\vartheta d\vartheta \tag{5.3}$$

5.1.2　沉积层与衬底的界面

对于表面薄膜,必须要正确考虑沉积层与衬底之间的界面。从薄膜到衬底或者从衬底到薄膜的单位长度上的散射概率是有变化的,因此需要对式(5.1)进行修正。用 p_1 和 p_2 表示两种材料单位长度上的散射概率,其中 p_1 对应发生末次弹性散射的材料,p_2 对应另一种材料,d 为沿散射的方向从初始散射位置到界面的距离。根据 Horiguchi 等人[1]及 Messina 等人[2]的理论,如果 μ_1 是在 $[0,1]$ 范围内均匀分布的随机数,步长为

$$\Delta s = \begin{cases} \left(\dfrac{1}{p_1}\right)[-\ln(1-\mu_1)] & 0 \leqslant \mu_1 < 1 - \exp(-p_1 d) \\[2mm] d + \left(\dfrac{1}{p_2}\right)[-\ln(1-\mu_1) - p_1 d] & 1 - \exp(-p_1 d) \leqslant \mu_1 \leqslant 1 \end{cases} \tag{5.4}$$

5.1.3　散射极角

由一次弹性碰撞引起的散射极角 θ 是通过假设发生从 $0° \sim \theta$ 角范围的弹性散射概率计算的,即

$$P_{el}(\theta,E) = \frac{2\pi}{\sigma_{el}}\int_0^\theta \frac{d\sigma_{el}}{d\Omega}\sin\vartheta d\vartheta \tag{5.5}$$

该概率是均匀分布在 $[0,1]$ 范围内的随机数 μ_2,可表示为

$$\mu_2 = P_{el}(\theta,E) \tag{5.6}$$

换句话说,通过对弹性散射采样可获得散射角,该散射角与一个均匀分布在 $[0,1]$ 范围内的随机数对应(图 5.1)。对于任何给定的电子能量,令 $\mu_2 =$

$P_{el}(\theta,E)$（式(5.6)），则散射角可以通过计算式(5.5)的积分上限得到。

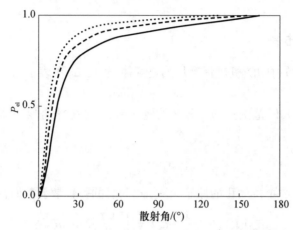

图 5.1　电子在硅中弹性散射角的采样(P_{el}是从 0°~θ 角度范围的弹性散射的累积概率，它是根据相对论分波法(Mott 截面)数值求解中心势场的 Dirac 方程得到的。实线 $E=500\mathrm{eV}$，虚线 $E=1000\mathrm{eV}$，点线 $E=2000\mathrm{eV}$)

5.1.4　上一次偏转后电子的方向

可以假设方位角 ϕ 是均匀分布在 $[0,2\pi]$ 范围内的随机数 μ_3。

方位角 θ 和 ϕ 代表碰撞产生的偏转角度。θ_z' 是偏转后电子相对于 z 轴的运动方向，由参考文献[3-5]给出

$$\cos\theta_z' = \cos\theta_z\cos\theta - \sin\theta_z\sin\theta\cos\phi \qquad (5.7)$$

式中：θ_z 为碰撞前电子相对于 z 轴的角度。因此沿着 z 向的轨迹步长 Δz 为

$$\Delta z = \Delta s\cos\theta_z' \qquad (5.8)$$

新的角度 θ_z' 是对应于下一个步长的入射角 θ_z。

描述三维笛卡儿坐标 (x,y,z) 中每一个散射点的电子位置，可见参考文献[5]。

5.1.5　能量损失

连续慢化近似的基本思想是假定电子在固体中行进时连续地损失能量，使用阻止本领可以计算在电子轨迹中不同分段的能量损失。

蒙特卡罗代码通常用下面的公式来近似沿着轨迹分段 Δz 的能量损失 ΔE，即

$$\Delta E = (dE/dz)\Delta z \qquad (5.9)$$

式中：$-dE/dz$ 为电子阻止本领。

采用这种方法,完全忽略了能量损失的统计波动。因此,如果需要能量损失机制的细节信息(如在对出射电子的能量分布感兴趣时),则应避免使用这种蒙特卡罗策略。

5.1.6 轨迹的结束和轨迹的数目

每一个电子均会被追踪直到其能量低于一个定值或者从靶材的表面出射。截止能量的选择取决于所研究的特定问题。例如,为了计算背散射系数,电子将被追踪直至它们的能量低于 50eV。

需要注意的是,电子轨迹数目对于获得统计上的重要结果及提高信噪比来说是一个非常关键的量。在基于连续慢化近似的模拟中,本书常用的轨迹个数范围是 $10^5 \sim 10^6$,同时取决于所研究的特定问题。

5.2 能量歧离策略

现在介绍基于能量歧离策略的蒙特卡罗方法。该策略需要所有能量损失机制及概率(电子-电子、电子-声子、电子-极化子散射截面)的详细知识,而电子的偏转角度与连续慢化近似的情况下一样,采用 Mott 散射截面决定。

5.2.1 步长

基于能量歧离的蒙特卡罗方法是一种不同于连续慢化近似策略的方法。同样,假设这种情况下的多级散射的随机过程服从泊松分布规律。步长 Δs 可表示为

$$\Delta s = -\lambda \ln \mu_1 \tag{5.10}$$

式中:μ_1 同前面的情况一样,是在 $[0,1]$ 范围内均匀分布的随机数;λ 不再是弹性散射平均自由程,它可表示为

$$\lambda = \frac{1}{N(\sigma_{in} + \sigma_{el})} \tag{5.11}$$

式中:σ_{in} 为总的非弹性散射截面(所有非弹性散射及准弹性散射截面之和),即

$$\sigma_{in} = \sigma_{inel} + \sigma_{phonon} + \sigma_{pol} \tag{5.12}$$

σ_{el} 为总的弹性散射截面(Mott 截面),因此

$$\lambda = \frac{1}{N(\sigma_{inel} + \sigma_{phonon} + \sigma_{pol} + \sigma_{el})} \tag{5.13}$$

或者,由于 $N\sigma_{inel} = 1/\lambda_{inel}$,$N\sigma_{phonon} = 1/\lambda_{phonon}$,$N\sigma_{pol} = 1/\lambda_{pol}$ 以及 $N\sigma_{el} = 1/\lambda_{el}$,有

$$\frac{1}{\lambda} = \frac{1}{\lambda_{inel}} + \frac{1}{\lambda_{phonon}} + \frac{1}{\lambda_{pol}} + \frac{1}{\lambda_{el}} \tag{5.14}$$

5.2.2 弹性和非弹性散射

在每一次散射之前,生成一个在[0,1]范围内均匀分布的随机数 μ_2,并与非弹性散射的概率 p_{in} 进行比较,非弹性散射概率为

$$p_{in} = \frac{\sigma_{in}}{\sigma_{in} + \sigma_{el}} = \frac{\lambda}{\lambda_{in}} \tag{5.15}$$

弹性散射的概率为

$$p_{el} = 1 - p_{in} \tag{5.16}$$

如果随机数 $\mu_2 \leqslant p_{in}$,则该散射将是非弹性的;否则,散射将是弹性的。

如果散射是非弹性的,那么接下来采用类似的过程确定发生哪一种非弹性散射:电子 – 电子[6]、准弹性电子 – 声子[7]或电子 – 极化子[8]相互作用。

如果散射是弹性的,散射极角 θ 可以通过产生一个在[0,1]范围内均匀分布的随机数 μ_3 来计算,μ_3 表示从 $0° \sim \theta$ 角度范围内的弹性散射概率,即

$$\mu_3 = P_{el}(\theta, E) = \frac{1}{\sigma_{el}} \int_0^\theta \frac{d\sigma_{el}}{d\Omega} 2\pi\sin\vartheta d\vartheta \tag{5.17}$$

在每一次电子 – 电子非弹性散射中,可以计算函数 $P_{inel}(W, E)$,该函数代表了能够提供能量损失小于或等于 $W^{[9]}$ 的电子的比例(图 5.2 给出了 1000eV 电子照射在硅上的函数 $P_{inel}(W, E)$)。能量损失 W 可以通过生成一个在[0,1]范围内均匀分布的随机数 μ_4 来得到

$$\mu_4 = P_{inel}(W, E) = \frac{1}{\sigma_{inel}} \int_0^W \frac{d\sigma_{inel}}{d\omega} d\omega \tag{5.18}$$

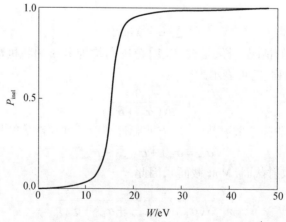

图 5.2 电子在硅中能量损失的采样(P_{inel} 是电子在硅中能量损失低于或等于 W 的非弹性散射的累积概率(由 Ritchie 介电理论计算得到)。这里的累积概率是能量损失 W 的函数,$E = 1000eV$)

同时产生一个能量等于入射电子损失能量 W 的二次电子。

如果发生电子－晶格相互作用,则将伴随声子的产生,电子损失的能量等于产生声子的能量 W_{ph}。

最后,如果产生了极化子,本书中将采用下面的近似:在相互作用发生的位置电子将被捕获,电子在固体中终止轨迹。

5.2.3　电子－电子散射:散射角

考虑两个电子之间的散射时,假设其中一个电子是静止的。p 和 E 分别表示入射电子的初始动量和能量;p' 和 E' 分别表示入射电子散射后的动量和能量;$q = p - p'$ 和 $W = E - E'$ 分别表示开始时静止的电子(所谓的二次电子)在散射后的动量和能量;θ 和 θ_s 分别表示入射电子和二次电子的散射极角。采用经典的二体碰撞模型可以得到这些量之间有用的关系,这在实际应用中已经足够精确。由于动量和能量守恒,有

$$\sin\theta_s = \cos\theta \tag{5.19}$$

式中:散射极角 θ 取决于能量损失 $W = E - E' = \Delta E$,由下面的公式可得

$$\frac{W}{E} = \frac{\Delta E}{E} = \sin^2\theta \tag{5.20}$$

首先证明式(5.19)。为此,必须证明两个电子中的一个在最终状态下的动量与另一个电子的动量垂直。令 p' 和 q 之间的夹角为 β,由动量守恒有

$$p = p' + q \tag{5.21}$$

可以得到

$$p^2 = p'^2 + q^2 + 2p'q\cos\beta \tag{5.22}$$

由能量守恒有

$$E = E' + \Delta E \tag{5.23}$$

得到

$$p^2 = p'^2 + q^2 \tag{5.24}$$

比较式(5.22)和式(5.24),可以得到预期的结论,即

$$\beta = \frac{\pi}{2} \tag{5.25}$$

这是和式(5.19)等效的。

下面介绍守恒定律对于存在电子能量损失的散射角的影响,散射角 θ 为入射电子初始动量 p 和终止动量 p' 的夹角。由于

$$p - p' = q \tag{5.26}$$

可以得到

$$q^2 = p^2 + p'^2 - 2pp'\cos\theta \tag{5.27}$$

式(5.27)有两个重要结论。

第一个结论是,初始时静止的电子在终止状态时的动量 q 的绝对值 q 可以假定为有限区间 $[q_-,q_+]$ 内的值,其中

$$q_{\pm} = \sqrt{2mE} \pm \sqrt{2m(E-\Delta E)} \tag{5.28}$$

从式(5.27)中可以明显看出,$\theta = 0°$ 对应于 q_-,$\theta = \pi$ 对应于 q_+。

第二个结论是,当考虑能量守恒时,有可能获得类似式(5.20)表示的入射电子散射角和能量损失间的关系。实际上,根据式(5.24),即 $q^2 = p^2 - p'^2$,与式(5.27)的结果进行比较,可以得到

$$\cos^2\theta = \frac{p'^2}{p^2} = \frac{E'}{E} \tag{5.29}$$

这和式(5.20)是等效的。

5.2.4 电子–声子散射:散射角

对于电子–声子散射的情况,相应的散射极角可根据 Llacer 和 Garwin 的文献[10]计算。具体细节可以参阅第 11 章。

用 μ_5 表示一个在 $[0,1]$ 范围内均匀分布的新的随机数,电子–声子散射所对应的散射极角可以计算为

$$\cos\theta = \frac{E+E'}{2\sqrt{EE'}}(1-B^{\mu_5}) + B^{\mu_5} \tag{5.30}$$

其中

$$B = \frac{E+E'+2\sqrt{EE'}}{E+E'-2\sqrt{EE'}} \tag{5.31}$$

5.2.5 上一次偏转后电子的方向

一旦计算得到了散射极角,则方位角可以通过产生一个在 $[0,2\pi]$ 范围内均匀分布的随机数 μ_6 获得。上一次偏转后电子相对于 z 轴的运动方向 θ_z' 可由式(5.7)计算。

5.2.6 透射系数

对于极慢的电子,另一个需要考虑的重要问题是它们从固体表面出射的能力[11]。

事实上,一个电子并不总是满足从固体表面出射的条件。真空界面代表了一定势垒,并不是所有到达表面的电子都可以从表面出射。当到达表面的电子不能出射时,它们会被镜面反射到材料内部。这个问题在研究二次电子发射时

尤为重要,由于二次电子一般具有很低的能量(小于 50eV),因此它们常常不满足出射条件。

当能量为 E 的慢电子到达靶材表面时,只有满足以下条件,它才会从表面出射,即

$$E\cos^2\theta = \chi \tag{5.32}$$

式中:θ 为在样品内部测量的相对表面法向的出射角;χ 为电子亲和势,即真空能级和导带底之差所代表的势垒,其值取决于所研究的材料。例如,非掺杂硅的电子亲和势为 4.05eV[12]。

为了研究慢电子穿过势垒 χ 的透射系数,分别考虑沿 z 轴方向的两个区域,固体内部和外部。此外还要假定势垒 χ 位于 $z=0$ 处。

第一个区域,固体内部,对应于以下薛定谔方程的解,即

$$\psi_1 = A_1\exp(\mathrm{i}k_1 z) + B_1\exp(-\mathrm{i}k_1 z) \tag{5.33}$$

而在真空一侧的解表示为

$$\psi_2 = A_2\exp(\mathrm{i}k_2 z) \tag{5.34}$$

在这些公式中,A_1、B_1 和 A_2 是三个常数,而 k_1 和 k_2 分别是电子在固体和真空中的波数,表示为

$$k_1 = \sqrt{\frac{2mE}{\hbar^2}}\cos\theta \tag{5.35}$$

$$k_2 = \sqrt{\frac{2m(E-\chi)}{\hbar^2}}\cos\vartheta \tag{5.36}$$

式中,θ 和 ϑ 分别为在材料内部及外部时测量得到的相对于表面法向的二次电子的出射角。

由于需要满足下面的连续性条件,即

$$\psi_1(0) = \psi_2(0) \tag{5.37}$$

$$\psi_1'(0) = \psi_2'(0) \tag{5.38}$$

有

$$A_1 + B_1 = A_2 \tag{5.39}$$

以及

$$(A_1 - B_1)k_1 = A_2 k_2 \tag{5.40}$$

因此透射系数 T 可以容易地计算出,即

$$T = 1 - \left|\frac{B_1}{A_1}\right|^2 = \frac{4k_1 k_2}{(k_1 + k_2)^2} \tag{5.41}$$

考虑到上文给出的电子波数的定义,可以得到

$$T = \frac{4\sqrt{(1-\chi/E)\cos^2\vartheta/\cos^2\theta}}{\left[1+\sqrt{(1-\chi/E)\cos^2\vartheta/\cos^2\theta}\right]^2} \qquad (5.42)$$

由于平行于表面的动量守恒,有

$$E\sin^2\theta = (E-\chi)\sin^2\vartheta \qquad (5.43)$$

因此

$$\cos^2\theta = \frac{(E-\chi)\cos^2\vartheta + \chi}{E} \qquad (5.44)$$

$$\cos^2\vartheta = \frac{E\cos^2\theta - \chi}{E-\chi} \qquad (5.45)$$

最后,透射系数 T 可表示为 ϑ 的函数,即

$$T = \frac{4\sqrt{1-\chi/[(E-\chi)\cos^2\vartheta+\chi]}}{\left\{1+\sqrt{1-\chi/[(E-\chi)\cos^2\vartheta+\chi]}\right\}^2} \qquad (5.46)$$

或 θ 的函数,即

$$T = \frac{4\sqrt{1-\chi/(E\cos^2\theta)}}{\left[1+\sqrt{1-\chi/(E\cos^2\theta)}\right]^2} \qquad (5.47)$$

透射系数和蒙特卡罗方法。透射系数是蒙特卡罗方法中描述低能电子从固体表面出射的重要参量:模拟中产生一个在 $[0,1]$ 范围内均匀分布的随机数 μ_7,且如果满足下面的条件则电子出射并进入真空,即

$$\mu_7 < T \qquad (5.48)$$

到达表面但不满足条件的出射电子,将被镜面反射回样品内而不损失能量,并且可以产生后代二次电子。

5.2.7　与表面距离相关的非弹性散射

当入射电子能量小于 1000eV 时,为了描述在反射电子能量损失谱中可以观察到的表面等离激元损失峰,必须考虑与表面的距离(在固体及在真空)和穿过表面的角度有关的非弹性散射(图 3.17 和图 3.18)。因此,在蒙特卡罗模拟中,采用之前讨论的能量损失的采样(图 5.2)就不再充分。如果希望描述界面现象,电子非弹性散射的累积概率不但是能量损失 W 的函数,而且还是表面距离的函数。此外,基于 Chen、Kwei 及 Li 等人的文献[13,14],真空(与表面很近)也对非弹性散射有贡献,因此还需要计算真空中的累积概率[15,16]。图 5.3 给出了在电子从样品内部出射的情况下,在距表面几个特定距离下,电子在硅中以能量损失为函数的非弹性散射累积概率。注意到,当 $z\to\infty$,图 5.3 中的曲线接近于图 5.2 中的"体内"曲线。

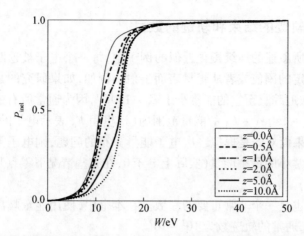

图 5.3　电子在硅中能量损失的采样(P_{inel}是电子在硅中能量损失低于或等于 W 的非弹性
散射的累积概率(由 Chen、Kwei 及 Li 等人的理论[13,14]计算得到)。在电子从样品
内部出射的情况下,在距表面几个特定距离下,电子在硅中的非弹性散射累积
概率是能量损失的函数。对于从样品外部进入的电子、固体内部向外的
电子及固体外部向外的电子也可以得到类似的曲线。这里 $E = 1000eV$)

为了在蒙特卡罗代码中包含电子非弹性散射平均自由程取决于 z 的信息,
还需要修正连续散射事件之间电子步长的采样过程。假设分布函数 $p_\chi(s)$ 的形
式为[17]

$$p_\chi(s) = \frac{1}{\lambda(s)}\exp\left[-\int_0^s \frac{\mathrm{d}s'}{\lambda(s')}\right] \tag{5.49}$$

可以对比式(5.49)和式(4.7),式(4.7)适用于 λ 与深度无关的情况。

由于式(5.49)很难求解,根据丁泽军和 Shimizu 的文献[17],可以用下面的
步骤来计算 z。

第一步是输入 $z = z_i$,z_i 是电子目前位置的 z 分量。如果 λ_{min} 表示平均自由
程的最小值(粒子在真空以及粒子在材料内时的非弹性散射平均自由程,计算
时还考虑弹性散射平均自由程),那么第二步需要产生两个相互独立的在[0,1]
范围内均匀分布的随机数 μ_8 和 μ_9。z 的新值可由下面的公式计算,即

$$z = z_i - \cos\theta\lambda_{min}\ln\mu_8 \tag{5.50}$$

如果 $\mu_9 \leqslant \lambda_{min}/\lambda$,则 z 的新值可以使用;否则输入 $z = z_i$(z_i 是初始位置的新
的 z 分量),生成两个新的随机数 μ_8 和 μ_9,根据式(5.50)计算新的 z 值。

表面和体等离激元损失峰的最新理论计算和蒙特卡罗模拟结果与已有的实
验数据符合得非常好[17-27]。尤其是蒙特卡罗模拟和实验数据,即使在绝对尺度
下也能符合得很好[17,25,26]。

5.2.8　轨迹的结束和轨迹的数目

前面章节所叙述的连续慢化近似的例子中,每一个电子被追踪直至它的能量低于一个给定的阈值或者从靶材表面出射。例如,如果研究的是等离激元损失,那么电子被追踪直至它的能量小于 $E_0 - 150eV$,因为通常所有的等离激元损失均出现在 $E_0 - 150eV \sim E_0$ 的能量范围内(这里用 E_0 表示电子的初始能量,单位为 eV)。如果面对的是模拟二次电子能量分布的问题,则电子需要被追踪直至它们具有非常小的最小能量(实际上等于 0,在有些情况下零点几个电子伏也是可以接受的)。

轨迹数目也是一个非常重要的参数。在本书中,使用能量歧离策略进行能谱分布的模拟,通常的轨迹数为 $10^7 \sim 10^9$。

5.3　小结

本章简要叙述了研究电子在固体中输运的蒙特卡罗方法。特别针对两种策略:一种是基于所谓的连续慢化近似的策略,另一种是考虑能量歧离,即能量损失的统计波动的策略,总结了这两种方法的主要特征和特点。对电子 – 原子、电子 – 电子、电子 – 声子、电子 – 极化子相互作用及其所有相关效应的能量损失和散射角均进行了研究。

参 考 文 献

[1] T. Kobayashi, H. Yoshino, S. Horiguchi, M. Suzuki, Y. Sakakibara, Appl. Phys. Lett. 39, 512(1981).

[2] G. Messina, A. Paoletti, S. Santangelo, A. Tucciarone, La Rivista del Nuovo Cimento 15, 1(1992).

[3] J. F. Perkins, Phys. Rev. 126, 1781(1962).

[4] M. Dapor, Phys. Rev. B 46, 618(1992).

[5] R. Shimizu, D. Ze – Jun, Rep. Prog. Phys. 55, 487(1992).

[6] R. H. Ritchie, Phys. Rev. 106, 874(1957).

[7] H. Fröhlich, Adv. Phys. 3, 325(1954).

[8] J. P. Ganachaud, A. Mokrani, Surf. Sci. 334, 329(1995).

[9] H. Bichsel, Nucl. Instrum. Methods Phys. Res. B 52, 136(1990).

[10] J. Llacer, E. L. Garwin, J. Appl. Phys. 40, 2766(1969).

[11] M. Dapor, Nucl. Instrum. Methods Phys. Res. B 267, 3055(2009).

[12] P. Kazemian, (Progress towards QuantitiveDopant Profiling with the Scanning Electron Microscope), Doctorate Dissertation, University of Cambridge, 2006.

[13] Y. F. Chen, C. M. Kwei, Surf. Sci. 364, 131(1996).

[14] Y. C. Li, Y. H. Tu, C. M. Kwei, C. J. Tung, Surf. Sci. 589, 67 (2005).

[15] A. Jablonski, C. J. Powell, Surf. Sci. 551, 106 (2004).

[16] M. Dapor, L. Calliari, S. Fanchenko, Surf. Interface Anal. 44, 1110 (2012).

[17] Z. − J. Ding, R. Shimizu, Phys. Rev. B 61, 14128 (2000).

[18] M. Novák, Surf. Sci. 602, 1458 (2008).

[19] M. Novák, J. Phys. D: Appl. Phys. 42, 225306 (2009).

[20] H. Jin, H. Yoshikawa, H. Iwai, S. Tanuma, S. Tougaard, e − J. Surf. Sci. Nanotech. 7, 199 (2009).

[21] H. Jin, H. Shinotsuka, H. Yoshikawa, H. Iwai, S. Tanuma, S. Tougaard, J. Appl. Phys. 107, 083709 (2010).

[22] I. Kyriakou, D. Emfietzoglou, R. Garcia − Molina, I. Abril, K. Kostarelos, J. Appl. Phys. 110, 054304 (2011).

[23] B. Da, S. F. Mao, Y. Sun, Z. J. Ding, e − J. Surf. Sci. Nanotechnol. 10, 441 (2012).

[24] B. Da, Y. Sun, S. F. Mao, Z. M. Zhang, H. Jin, H. Yoshikawa, S. Tanuma, Z. J. Ding, J. Appl. Phys. 113, 214303 (2013).

[25] F. Salvat − Pujol, *Secondary − electron emission from solids: coincidence experiments and dielectric formalism*, Doctorate Dissertation, Technischen Universität Wien, 2012.

[26] F. Salvat − Pujol, W. S. M. Werner, Surf. Interface Anal. 45, 873 (2013).

[27] T. Tang, Z. M. Zhang, B. Da, J. B. Gong, K. Goto, Z. J. Ding, Physica B 423, 64 (2013).

第6章

背散射系数

背散射电子(BSE)发射系数定义为一个电子辐照靶材,入射电子从表面逃逸出来的电子比例。固体中通过级联散射过程激发原子中的电子所产生的二次电子,并不包括在背散射系数的定义中。背散射电子典型的截止能量是50eV。换句话说,典型的扫描电子显微镜(SEM)实验测量的是部分背散射电子。研究者认为从靶材表面逃逸的所有电子,能量高于截止能量(50eV)的为背散射电子,而逃逸出的所有电子中能量低于该经典截止能量的是二次电子。当然,能量高于该预先设定的截止能量的二次电子和能量低于该截止能量的背散射电子同样存在。如果入射电子束的初始能量不是太低(高于 $200 \sim 300\text{eV}$),引入50eV截止能量通常是一个很好的近似,因此在本章中将采用这一近似。这一选取也非常有用,因为本节感兴趣的是蒙特卡罗模拟结果与文献中的实验数据的比较,在这些文献中广泛地使用了50eV的截止能量近似。

6.1　固体靶材的背散射电子

当电子束轰击到固体靶材时,初始电子束中的一些电子发生背散射并再次从表面逃逸。已知背散射系数定义为从表面逃逸的入射电子束中能量高于50eV 的电子。从实验的角度来看,这一定义非常方便且实用,而且也是非常精确的,这是因为从任何实际的用途出发,能量高于50eV的二次电子的部分是可忽略的,就像可以忽略能量低于50eV的背散射电子的部分。

体样品的背散射系数在实验和理论上均已经开展了研究。对于能量高于 $5 \sim 10\text{keV}$ 的情况,已有许多可用的实验和理论数据[1,2]。对于能量低于5keV 的情况也开展了研究,但是实验数据方面还很缺乏。此外,并不是所有的研究者在低能背散射系数的认识方面观点一致,尤其是对能量接近于0的情况,几乎没有报道的数据。一些研究者在实验验证的基础上认为,当能量接近于0时,吸收系数应该接近于0,背散射系数应接近于1[3,4]。

6.1.1 采用介电理论(Ashley 阻止本领)计算碳和铝的背散射系数

如果并不确定当能量接近于 0 时背散射系数是否为 1,关于碳和铝的模拟数据给出了背散射系数随入射能量变化的大体趋势,这一趋势与该假设一致。实际上已经观察到,随着能量从 10keV 下降到 250eV,模拟表明碳和铝的背散射系数是增加的。

图 6.1 给出了由蒙特卡罗代码计算的电子轰击碳和铝体样品时,背散射系数随着入射电子束能量的变化趋势。对于此处给出的模拟,采用了连续慢化近似,采用 Ashley 方法[5](Ritchie 介电理论方案[6])计算了阻止本领。本书的所有部分,弹性散射截面均是采用相对论分波展开法(Mott 理论)计算获得的[7]。图 6.1 同样给出了 Bishop[8]、Hnger 和 Kükler[9] 的实验数据,这些实验也证明了蒙特卡罗模拟的精确性。

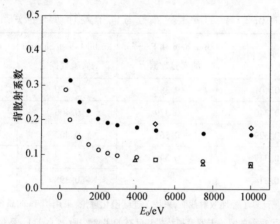

图 6.1　电子与体样品碳(空心圆)和铝(实心圆)的背散射系数 η 随着入射电子能量 E_0 的蒙特卡罗模拟趋势(采用了 Ashley[5] 阻止本领(介电理论),方形代表碳的实验数据[8],菱形代表铝的实验数据[8],三角形代表 Hunger 和 Kükler 给出的碳的实验数据[9])

对于研究的两种元素,当能量朝向 250eV 降低时,背散射系数均随着入射能量下降而增加。

6.1.2 采用介电理论(Tanuma 等阻止本领)计算硅、铜和金的背散射系数

在表 6.1、表 6.2 和表 6.3 中,比较了蒙特卡罗模拟数据(硅、铜和金各自的背散射系数)和已有的实验数据(来自 Joy 的数据库[11])。蒙特卡罗的模拟中,采用 Tanuma 等[10] 的阻止本领(Ritchie 介电理论[6])描述了非弹性过程,采用

Mott 理论[7]描述了弹性散射。

表 6.1　硅的背散射系数与电子入射动能的关系

能量/eV	蒙特卡罗模拟结果	Bronstein 和 Fraiman 的 实验数据[12]	Reimer 和 Tolkamp 的 实验数据[13]
1000	0.224	0.228	0.235
2000	0.185	0.204	—
3000	0.171	0.192	0.212
4000	0.169	0.189	—
5000	0.162	—	0.206

注:采用 Mott 理论[7]计算了弹性散射截面,采用了连续慢化理论,采用了 Tanuma 等人[10]的阻止本领(介电理论)。比较了目前的蒙特卡罗模拟结果和已有的实验数据(来自于 Joy 数据库[11])

表 6.2　铜的背散射系数与电子入射动能的关系

能量/eV	蒙特卡罗模拟结果	Bronstein 和 Fraiman 的实验数据[12]	Koshikawa 和 Shimizu 的实验数据[14]	Reimer 和 Tolkamp 的实验数据[13]
1000	0.401	0.381	0.430	—
2000	0.346	0.379	0.406	—
3000	0.329	0.361	0.406	0.311
4000	0.317	0.340	—	—
5000	0.314	—	0.398	0.311

注:采用 Mott 理论[7]计算了弹性散射截面,采用了连续慢化理论,采用了 Tanuma 等人[10]的阻止本领(介电理论)。比较了目前的蒙特卡罗模拟结果和已有的实验数据(来自于 Joy 数据库[11])

表 6.3　金的背散射系数与电子入射动能的关系

能量/eV	蒙特卡罗模拟结果	Bronstein 和 Fraiman 的实验数据[12]	Reimer 和 Tolkamp 的实验数据[13]	Böngeler 等人的 实验数据[15]
1000	0.441	0.419	—	—
2000	0.456	0.450	—	0.373
3000	0.452	0.464	0.415	0.414
4000	0.449	0.461	—	0.443
5000	0.446	—	0.448	0.459

注:采用 Mott 理论[7]计算了弹性散射截面,采用了连续慢化理论,采用了 Tanuma 等人[10]的阻止本领(介电理论)。比较了目前的蒙特卡罗模拟结果和已有的实验数据(来自于 Joy 数据库[11])

从这些表中,可以观察到除了金,硅和铜的背散射系数均是入射能量的减函数,而金在1000~2000eV范围时,随着能量增加背散射系数呈现出增加的趋势。值得注意的是,在低的入射能量下,背散射系数是非常有争议的。在低入射能量下背散射系数在蒙特卡罗和实验数据上产生差异的原因尚不完全清楚,这值得进一步的研究[16,17]。同样,在1~3keV范围,有关低能背散射系数的所有实验也并不一致[11]。

6.2　半无限衬底上单沉积层的背散射电子

众所周知,沉积薄膜层会影响体样品的电子背散射系数。对于背散射系数,文献中可用的实验数据很少,有时已有数据由于缺少厚度、均匀性、表层属性信息而难以解释。特别是,目前还无法进行沉淀在体样品的表面薄膜效应的定量研究,并且不能系统地与实验数据相比较。现有方法的主要作用是预测背散射电子发射系数,该系数与平均原子序数和沉淀层的实际厚度相关[18,20~22]。

6.2.1　碳沉积层(Ashley 阻止本领)

现在来研究碳沉积在铝上这种特定膜层的低能背散射系数[18]。

实验和技术革新中均需要将碳膜沉积在不同衬底(聚合物、聚酯纤维结构、聚酯纤维丝、金属合金)上。由于碳在许多领域的有用特性,因此存在许多碳膜的技术应用。在食品包装中可用碳膜沉积在聚合物衬底替代塑料上的金属镀层。碳膜也可广泛地应用于医疗器械。生物医学研究人员证明纯碳薄膜在血液/生物适应性上表现出良好的持久性,特别是,该镀层可用于不锈钢内嵌植手术中取代植入冠状动脉。

在研究不同薄膜厚度下背散射系数随入射能量的变化时,可以观察到,当碳薄膜在铝上的厚度超过100Å时,背散射系数会出现相对最小值。这一特性在图6.2中400Å厚碳薄膜和图6.3中800Å厚碳薄膜中均存在。背散射系数在达到相对最小值后,又增大到铝的背散射系数,然后又呈现出铝的典型背散射系数下降的趋势。一个有趣的特征是,当薄膜厚度增加时,相对最小值的位置向高能段移动。这是非常合理的,从某种程度上讲,对于非常薄的碳薄膜,背散射系数应该接近铝的背散射系数,而对于厚的碳薄膜,应该接近碳的背散射系数。因此,随着薄膜厚度增加,相对最小值的位置向着高能段移动,并且峰展宽。

碳薄膜沉积在铝衬底上,厚度为100~1000Å时,蒙特卡罗仿真的背散射系数的相对最小值 E_{min} (单位 eV)的位置随薄膜厚度 t (单位 Å)满足很好的线性拟合关系, $E_{min} = mt + q$,其中 $m = (2.9 \pm 0.1)$ eV/Å, $q = (2.9 \pm 0.1)$ eV[19]。

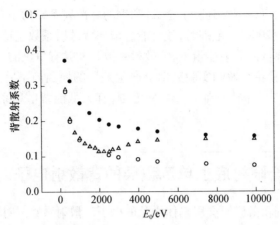

图 6.2　三角形代表蒙特卡罗模拟的 400Å 厚度的碳薄膜的背散射系数 η 与入射电子
能量 E_0 的关系(空心圆代表蒙特卡罗模拟的纯碳的背散射系数。实心圆代表
蒙特卡罗模拟的纯铝的背散射系数。采用了 Ashley 的阻止本领[5](介电理论))

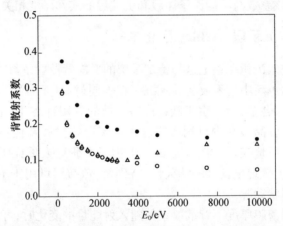

图 6.3　三角形代表蒙特卡罗模拟的 800Å 厚度的碳薄膜的背散射系数 η 与入射电子
能量 E_0 的关系(空心圆代表蒙特卡罗模拟的纯碳的背散射系数。实心圆代表
蒙特卡罗模拟的纯铝的背散射系数。采用了 Ashley 的阻止本领[5](介电理论))

6.2.2　金沉积层(Kanaya 和 Okayama 阻止本领)

上文描述的背散射系数的变化对于其他材料在数值计算[18-22]和实验[21,22]
上也均可观察到。对于所有的情况,具有薄膜层样品的背散射系数范围是从沉
积层的背散射系数值(低入射能量下)到衬底的背散射系数值(高入射能量下)。
对于金沉积在硅上的这种情况,背散射系数先达到相对最大值,然后下降到硅的
背散射系数。总的来说,任何样品在非常薄的薄膜情况下,背散射系数应该与衬

056

底的背散射系数相似;而对于厚的薄膜,背散射系数应与组成沉积层材料的背散射系数相似。因此,随着薄膜厚度的增加,相对最大值的位置向高能段移动(或最小值的位置,取决于沉积层和衬底的组成材料),同时峰被展宽[1-20,22]。

图 6.4 和图 6.5 给出了两组在硅上沉积金镀层样品的背散射系数的实验值和相关的蒙特卡罗模拟结果[22]。金薄膜的厚度分别为 250Å 和 500Å。数据通过除以各自的相对最大值进行了归一化。实验和蒙特卡罗方法给出了相似的结果。

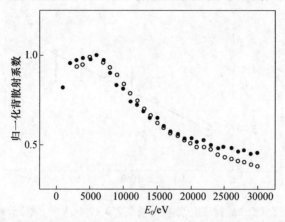

图 6.4 金薄膜沉积在硅衬底上,归一化的实验和提出的蒙特卡罗背散射系数与入射电子能量的关系对比[22](空心圆代表实验结果,实心圆代表蒙特卡罗模拟结果。金镀层的实际厚度为 250Å。采用 Kanaya 和 Okayama 半经验公式计算了阻止本领[23]。感谢 Michele Grivellari 提供的镀层沉积数据,感谢 Nicola Bazzanella 和 Antonio Miotello 提供的实验数据)

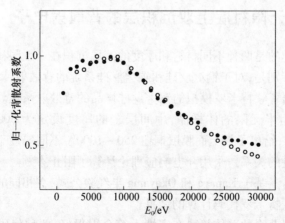

图 6.5 金薄膜沉积在硅衬底上,归一化的实验和提出的蒙特卡罗背散射系数与入射电子能量的关系对比[22](空心圆代表实验结果,实心圆代表蒙特卡罗模拟结果。金镀层的实际厚度为 500Å。采用 Kanaya 和 Okayama 半经验公式计算了阻止本领[23]。感谢 Michele Grivellari 提供的镀层沉积数据,感谢 Nicola Bazzanella 和 Antonio Miotello 提供的实验数据)

与在铝上沉积碳的情况相似,蒙特卡罗模拟预测的能量最大值 E_{max} 的位置与金沉积层的厚度成线性关系。金/硅体系中 E_{max} 与金膜层厚度的最佳的线性拟合关系如图 6.6 所示,图 6.6 给出的蒙特卡罗方法对于预测沉积层厚度具有大约 20% 的不确定性(从能量最大值处的统计涨落预测)[22]。

从无损的角度看,提出的方法为基于 SEM 实验的方法提供了新思路。

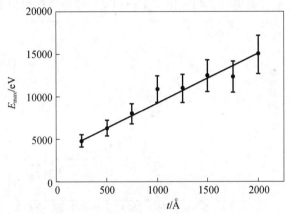

图 6.6 金薄膜沉积在硅衬底上,厚度范围在 250～2000Å 时,蒙特卡罗模拟的 E_{max}
(单位 eV)与薄膜厚度 t(单位 Å)符合很好的线性拟合关系($E_{max} = mt + q$,
其中 $m = 5.8eV/Å$(标准误差 $0.4eV/Å$),$q = 3456eV$(标准误差 $373eV$)[22])

6.3 半无限衬底上双沉积层的背散射电子

现在感兴趣的是两种不同材料和厚度的镀层沉积在半无限衬底上的背散射系数的计算。特别是,对于铜/金/硅和碳/金/硅系统的背散射计算。

图 6.7 给出了蒙特卡罗模拟的铜/金/硅样品的背散射系数。蒙特卡罗模拟代码中硅衬底为半无限的体样品,中间层金的厚度设定为 500Å。在 1000～25000eV 范围内,给出了最上面膜层铜在 250～1000Å 不同厚度下背散射系数 η 与入射电子能量的关系。采用介电响应理论计算了阻止本领。

图 6.8 给出了基于 Kanaya 和 Okayama 半经验公式,在相同的条件下和相同的参数值下由蒙特卡罗代码计算的结果。

由两种代码获得的总体趋势在定性上符合得很好:两种代码预测曲线的整体结构均出现了一个最大值和一个最小值。此外,随着最上面镀层铜的厚度增加,最大值和最小值均向更高的入射能量端移动。这一特性是由所选材料和厚度的特定组合决定的。

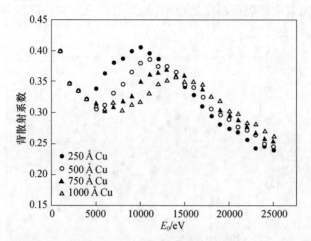

图 6.7　现有蒙特卡罗模拟的铜/金/硅样品的背散射系数 η（硅为半无限衬底，
中间金镀层厚度为 500Å。图中给出了最上面膜层铜在不同厚度下 η 与
入射电子能量的关系。采用介电响应理论计算了阻止本领）

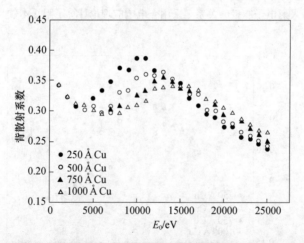

图 6.8　现有蒙特卡罗模拟的铜/金/硅样品的背散射系数 η（硅为半无限衬底，
中间金镀层厚度为 500Å。图中给出了最上面膜层铜在不同厚度下 η 与
入射电子能量的关系。采用 Kanaya 和 Okayama 半经验公式计算了阻止本领）

　　为了进一步研究且更好地理解镀层的厚度效应，图 6.9 和图 6.10 分别采用
介电响应和半经验公式获得了蒙特卡罗背散射系数。计算中采用的样品最上面
的镀层是 500Å 厚的铜，中间膜层金的厚度范围为 250～1000Å。同样，在这种情
况下，两种方法获得的总体趋势在定性上吻合得很好。与前面的模拟在特性上

的趋势不同:随着中间膜层厚度的增加,最大值的位置向高能段移动,而最小值的位置实际上没有改变。

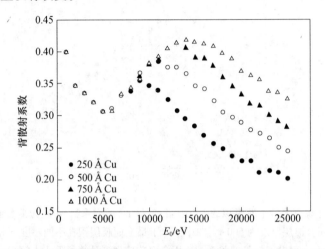

图 6.9　现有蒙特卡罗模拟的铜/金/硅样品的背散射系数 η(硅为半无限衬底,
最上面膜层铜的厚度为 500Å。图中给出了中间膜层金在不同厚度下 η 与
入射电子能量的关系。采用介电响应理论计算了阻止本领)

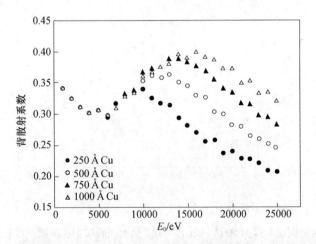

图 6.10　现有蒙特卡罗模拟的铜/金/硅样品的背散射系数 η(硅为半无限衬底,
最上面膜层铜的厚度为 500Å。图中给出了中间膜层金在不同厚度下 η 与
入射电子能量的关系。采用 Kanaya 和 Okayama 半经验公式计算了阻止本领)

　　为了研究两种代码的一致性,图6.11、图6.12 和图6.13 比较了采用两种蒙特卡罗程序计算的不同材料和厚度组合后的背散射系数。对于碳/金/硅组合,

两种代码给出的结果难以区分,但是在铜/金/硅组合中在很低的能量上仍然能观察到一些差异。

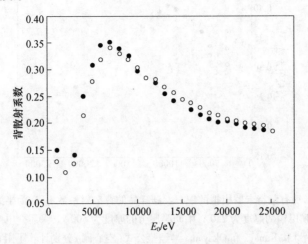

图 6.11　现有蒙特卡罗模拟的碳/金/硅样品的背散射系数 η(硅为半无限衬底,最上面膜层碳的厚度为 500Å,中间膜层金的厚度为 250Å。采用介电响应理论(实心圆)和 Kanaya 和 Okayama 半经验公式(空心圆)分别计算了阻止本领,并对获得的背散射系数 η 进行了比较)

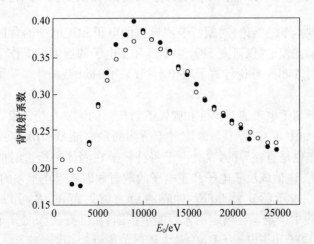

图 6.12　现有蒙特卡罗模拟的铝/金/硅样品的背散射系数 η(硅为半无限衬底,最上面膜层铝的厚度为 500Å,中间膜层金的厚度为 500Å。采用介电响应理论(实心圆)和 Kanaya 和 Okayama 半经验公式(空心圆)分别计算了阻止本领,并对获得的背散射系数 η 进行了比较)

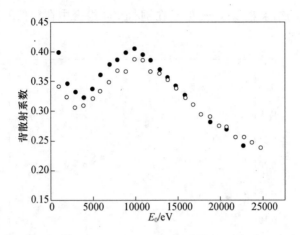

图 6.13　现有蒙特卡罗模拟的铜/金/硅样品的背散射系数 η（硅为半无限衬底，最上面膜层铜的厚度为 250Å，中间膜层金的厚度为 500Å。采用介电响应理论（实心圆）和 Kanaya 和 Okayama 半经验公式（空心圆）分别计算了阻止本领，并对获得的背散射系数 η 进行了比较）

6.4　电子与正电子背散射系数和深度分布的比较

为了得到本章的结论，对蒙特卡罗模拟的电子和正电子的背散射系数和深度分布进行了比较，并以研究 SiO_2 中电子和正电子的透射情况作为示例。所给出的结果采用 Ashley 理论计算了阻止本领，采用 Mott 截面计算了微分弹性散射截面[24]。

低能电子和正电子的非弹性和弹性散射截面的区别在第 3 章、第 10 章进行了讨论，结果如图 6.14 所示。即使对于所测的最高能量（10keV），电子和正电子的深度分布也是有差异的，这是由于每种粒子在固体中行进时能量会减小并达到很小的值，该值取决于电子和正电子的散射截面和阻止本领的显著差异。

用 $R(E_0)$ 表示给定能量 E_0 对应的最大透射范围，R 可以很容易地从图 6.14 的曲线中确定。在给定的入射能量范围，从已有的深度分布可以很清楚地看到，对于电子和正电子 SiO_2 的最大透射范围近似相同。

对每一个入射能量 E_0，函数 $P(z)$ 从 $z=0$ 到 $z=R$ 的积分给出了吸收系数 $1-\eta(E_0)$，其中 $\eta(E_0)$ 为背散射系数。随着入射能量的增加，电子和正电子的深度分布的差异越来越小。虽然电子和正电子的最大范围基本相似，但是背散射系数的趋势差别却很大（图 6.15）。正电子的背散射系数并不依赖于入射能量，且总是比电子的背散射系数小。相反地，电子的背散射系数是入射能量的减函数。

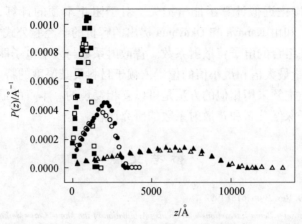

图 6.14　SiO_2 中电子(空心)和正电子(实心)的深度分布 $P(z)$ 随着表面到
固体内部的深度信息 z 的蒙特卡罗模拟结果(E_0 是粒子的入射能量。
3keV(正方形),5keV(圆形),10keV(三角形))

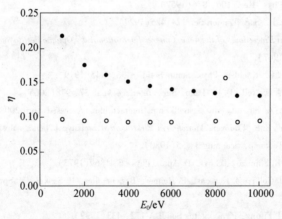

图 6.15　蒙特卡罗模拟的 SiO_2 中电子(实心)和正电子(空心)的
背散射系数与入射能量 E_0 的关系

6.5　小结

　　本章采用了蒙特卡罗方法预测碰撞到体样品和沉积层的电子(和正电子)的背散射系数。特别是对于表面膜层的情况,计算了膜层厚度、膜层特性及入射电子能量与背散射系数的关系。本章模拟的代码采用了 Mott 截面计算弹性散射,采用连续慢化近似计算了能量损失。对于阻止本领的计算,采用了 Richie 的介电理论[6]和由 Kanaya 和 Okayama 提出的解析的半经验公式[23]。模拟了不同镀层和衬底组合的电子背散射系数。背散射系数与入射电子能量的关系的主要特征是,能量最大值和最小值的位置依赖于材料及其厚度的特定组合,同时两种不同的阻止本领采用相似的方法是可以互相复现的。本章的最后一节给出了电子和正电子深度分布和背散射系数的研究比较。

参 考 文 献

[1] M. Dapor, Phys. Rev. B 46,618(1992).

[2] M. Dapor, *Electron – Beam Interactions with Solids: Application of the Monte Carlo Method to Electron Scattering Problems* (Springer, Berlin, 2003).

[3] R. Cimino, I. R. Collins, M. A. Furman, M. Pivi, F. Ruggiero, G. Rumolo, F. Zimmermann, Phys. Rev. Lett. 93, 014801(2004).

[4] M. A. Furman, V. H. Chaplin, Phys. Rev. Spec. Top. Accelerators and Beams 9,034403(2006).

[5] J. C. Ashley, J. Electron Spectrosc. Relat. Phenom. 46,199(1988).

[6] R. H. Ritchie, Phys. Rev. 106, 874(1957).

[7] N. E. Mott, Proc. R. Soc. London Ser. 124,425(1929).

[8] H. E. Bishop, in *Proceedings of the 4ème Congrès International d' Optique des Rayons X et de Microanalyse*, pp. 153 –158(1967).

[9] H. J. Hunger, L. G. Küchler, Phys. Status Solidi A 56, K45(1979).

[10] S. Tanuma, C. J. Powell, D. R. Penn, Surf. Interface Anal. 37, 978(2005).

[11] D. C. Joy, http://web. utk. edu/ ~ srcutk/htm/interact. htm. Accessed April 2008.

[12] I. M. Bronstein, B. S. Fraiman, *Vtorichnaya Elektronnaya Emissiya* (Nauka, Moskva, 1969).

[13] L. Reimer, C. Tolkamp, Scanning 3, 35(1980).

[14] T. Koshikawa, R. Shimizu, J. Phys. D. Appl. Phys. 6, 1369(1973).

[15] R. Böngeler, U. Golla, M. Kussens, R. Reimer, B. Schendler, R. Senkel, M. Spranck, Scanning 15, 1 (1993).

[16] JCh. Kuhr, H. J. Fitting, Phys. Status Solidi A 172, 433(1999).

[17] M. M. El Gomati, C. G. Walker, A. M. D. Assa' d, M. Zadražil, Scanning 30, 2(2008).

[18] M. Dapor, J. Appl. Phys. 95, 718(2004).

[19] M. Dapor, Surf. Interface Anal. 30, 1198(2006).

[20] M. Dapor, Surf. Interface Anal. 40, 714(2008).

[21] M. Dapor, N. Bazzanella, L. Toniutti, A. Miotello, S. Gialanella, Nucl. Instrum. Methods Phys. Res. B 269, 1672(2011).

[22] M. Dapor, N. Bazzanella, L. Toniutti, A. Miotello, M. Crivellari, S. Gialanella, Surf. Interface Anal. 45, 677(2013).

[23] K. Kanaya, S. Okayama, J. Phys. D. Appl. Phys. 5, 43(1972).

[24] M. Dapor, J. Electron Spectrosc. Relat. Phenom. 151, 182(2006).

第 7 章
二次电子发射系数

电子束辐照固体靶会引起二次电子(SE)发射。这些二次电子是入射电子束中的电子或者在固体中行进的其他二次电子,发生了电子－原子非弹性相互作用而从固体原子中激发出的电子。一些二次电子在固体中和原子经历多次弹性及非弹性相互作用后,将到达固体表面并满足从固体中出射的条件而从固体中逃逸出来。我们都知道,二次电子能谱受到入射电子背散射部分的干扰。对于研究者在实验室所遇到的绝大部分实际情况,这种干扰可以被合理忽略,至少在某种近似下可以忽略该影响。

本章将重点关注本征二次电子。二次电子发射的过程可以分成两种现象:第一种现象是入射电子束和固体中的束缚电子之间相互作用从而产生二次电子;第二种现象用级联散射来表示,二次电子在固体中扩散并激发新的二次电子从而产生二次电子喷射。每一个二次电子在固体中行进的时候都会损失能量,整个过程会一直持续直至二次电子的能量不足以激发更多的二次电子或者到达表面具有足够能量并出射。出射的二次电子个数除以入射电子的个数称为二次电子发射系数。在 0 ~ 50eV 能量范围对二次电子能量分布的积分可以作为二次电子发射系数的测量。在扫描电子显微成像中,二次电子发射起着重要作用。

7.1 二次电子发射

本章采用蒙特卡罗代码定量地模拟了聚甲基丙烯酸甲酯(PMMA)和氧化铝(Al_2O_3)中的二次电子发射。本章定位于通过比较已有的实验数据和蒙特卡罗计算结果,重点关注输运蒙特卡罗模型的主要特点,即基于能量歧离(ES)策略和连续慢化近似(CSDA)方法。这样,在评价不同情况下哪种方法更方便时,则能够理解每种方法的适用条件限制,并考虑 CPU 时间消耗的问题。一方面,使用简便的连续慢化近似来计算二次电子发射系数可获得类似于利用更精确的

（CPU 时间消耗大的）能量歧离策略所得到的和实验相符的结果；另一方面，如果需要二次电子的能量分布，那么能量歧离策略成为唯一的选择。

二次电子发射涉及非常复杂的现象，数值方法处理需要电子和固体主要相互作用的详细知识。

靶材内发生的最重要的过程是从价带输运到导带的单个电子的产生，等离激元的产生，固体内电子与屏蔽离子势的弹性散射。如果电子的能量足够高，电子可以与内层电子发生非弹性散射，促使电离的产生。很低能量的二次电子同样和声子相互作用损失（获得）能量。在绝缘材料中，电子在固体中可以被捕获（极化子效应）。每一个二次电子在固体中行进的过程中都可能产生更多的二次电子，为了获得定量上的结果，追踪整个级联过程是最好的选择[1-3]。

7.2 研究二次电子发射的蒙特卡罗方法

二次电子发射系数的蒙特卡罗计算可以通过详细计入电子能量损失的多种机制[1,3-5]，或者假设连续慢化近似[6-8]来完成。使用第一种方法需要具有更坚实的物理基础，由于在二次电子级联散射中对所有散射进行细节描述，因此这是一种非常耗时的方案。连续慢化近似是一种在物理概念上有可疑处的方法，但是它可以节省很多 CPU 时间。

本章将介绍用两种方法得到的 PMMA 和 Al_2O_3 的二次电子发射的蒙特卡罗模拟。这些模拟证明，如果仅仅将发射系数作为入射电子能量的函数计算，则对任何实际问题来说，两种蒙特卡罗策略得到的结果相等。

两种方法计算得到的二次电子发射系数非常接近。此外，两种蒙特卡罗策略给出的结果和实验结果也非常相符。这表明：对于计算二次电子发射系数，应该选择连续慢化近似，因为它比描述更多细节的策略快得多（超过 10 倍）。另一方面，如果需要二次电子的能量分布，则不能使用连续慢化近似，因为它不能用真实的方式描述所有的能量损失过程，而必须使用描述细节的策略，即使就 CPU 而言要耗时更多[9,10]。

7.3 研究二次电子的特定蒙特卡罗方法

7.3.1 连续慢化近似（CSDA）

正如我们所知，在 CSDA 的情况下，步长可根据公式 $\Delta s = -\lambda_{el}\ln\mu$ 来计

算,其中 μ 是一个在 $[0,1]$ 范围内均匀分布的随机数,沿着一段轨迹 Δs 的能量损失由公式 $\Delta E = (\mathrm{d}E/\mathrm{d}s)\Delta s$ 来近似表示。相对于在专门介绍蒙特卡罗方法的章节中的描述,使用 CSDA 进行二次电子发射系数的计算需要更多的知识。

根据 Dionne[11]、Lin 和 Joy[6]、Yasuda 等人[7]以及 Walker 等人[8]的文献,二次电子发射系数的计算,可以假设:

(1)在每一个步长 $\mathrm{d}s$ 内,对应能量损失 $\mathrm{d}E$,所产生的二次电子个数 $\mathrm{d}n$ 可以表示为

$$\mathrm{d}n = \frac{1}{\varepsilon_s}\frac{\mathrm{d}E}{\mathrm{d}s}\mathrm{d}s = \frac{\mathrm{d}E}{\varepsilon_s} \tag{7.1}$$

式中,ε_s 为产生单个二次电子所需要的有效能量。

(2)在深度 z 处产生的一个二次电子到达表面并出射的概率 $P(z)$ 服从指数衰减规律,即

$$P(z) = \mathrm{e}^{-z/\lambda_s} \tag{7.2}$$

式中,λ_s 为有效逸出深度。

因此二次电子发射系数可表示为

$$\delta = \int P(z)\mathrm{d}n = \frac{1}{\varepsilon_s}\int \mathrm{e}^{-z/\lambda_s}\mathrm{d}E \tag{7.3}$$

7.3.2 能量歧离(ES)

在前面的章节中已详细叙述了能量歧离策略,因此这里仅针对研究二次电子发射中策略的具体特点加以描述。对于所采用的模拟方法的更进一步的信息,可参阅 Ganachaud 和 Mokrani[1]、Dapor 等人[5]及 Dapor[9,10]的文献。

如果 μ 是一个在 $[0,1]$ 范围内均匀分布的随机数,在固体中行进的每一个电子的每一段步长 Δs 可以采用泊松统计方法计算,得到 $\Delta s = -\lambda\ln\mu$。在这个公式中,$\lambda$ 是所有涉及的散射机制的平均自由程。它的倒数即所谓的总平均自由程的逆,可以表示为所有电子和固体相互作用的平均自由程的倒数之和。特别是,必须要计入入射电子和屏蔽原子核之间弹性相互作用的平均自由程的倒数 λ_{el}^{-1},入射电子和原子中电子之间的非弹性相互作用的平均自由程的倒数 λ_{inel}^{-1},电子 – 声子相互作用的平均自由程的倒数 λ_{phonon}^{-1},电子 – 极化子相互作用的平均自由程的倒数 λ_{pol}^{-1},因此 $\lambda^{-1} = \lambda_{el}^{-1} + \lambda_{inel}^{-1} + \lambda_{phonon}^{-1} + \lambda_{pol}^{-1}$。如果散射是非弹性的,能量损失可以根据具体的非弹性散射截面来计算(包括电子 – 电子、电子 – 声子、电子 – 极化子)。如果散射是弹性的,散射角可根据 Mott 散射截面计算。需要注意的是电子偏转主要取决于弹性散射截面,但是即使是电子 – 电子非弹性相互作用以及电子 – 声子准弹性相互作用也会

使得电子改变方向。文献中给出的蒙特卡罗策略考虑到了完整的二次电子级联散射[2,4,5,9,10,12-14]。假设由费米海激发的二次电子的初始位置在发生非弹性散射的位置。本章所呈现的计算中,二次电子的极角和方位角可根据Shimizu和丁泽军的文献[15]来计算,即假设二次电子是随机方向的。产生的二次电子方向随机的假设意味着慢二次电子必须以球对称产生[15]。这一假设违反了经典的二体碰撞模型中的动量守恒法则,在第8章将给出相关的研究,即通过实验数据对比采用球对称得到的结果和在经典二体碰撞模型中使用动量守恒得到的结果。这项研究证明,基于球对称的方式产生慢二次电子的假设,所计算的固体出射的二次电子的能量分布及二次电子发射系数与实验结果符合得更好[4]。

7.4 二次电子发射系数:PMMA 和 Al₂O₃

上面描述的蒙特卡罗策略,即能量歧离和连续慢化近似方法,对二次电子在绝缘靶中行进时发生的主要相互作用进行了说明[1]。在下面的章节中将给出两种策略得到的结果,并且与已有实验数据进行比较。

7.4.1 二次电子发射系数和能量的函数关系

实验结果表明,随着入射电子能量的增加,二次电子发射系数会达到最大值,然后随着入射电子能量的增加发射系数减小。对于这一现象很容易给出一个简单的定性解释:在入射能量很低的时候,二次电子产生的很少,随着入射能量的增加,从表面出射的二次电子个数也在增加。从表面逃逸的二次电子产生的平均深度也随着入射能量的增加而增加。当能量高于由靶材决定的阈值时,二次电子产生的平均深度变得非常深,以至于所产生的二次电子中只有很少量可以到达表面并满足从表面出射和被检测到的必要条件。本章将表明两种蒙特卡罗策略(ES 和 CSDA)均能证实上面的定量解释。

7.4.2 ES 策略与实验的比较

尽管 ES 蒙特卡罗代码使用的参数和用来描述相互作用规律的参数的物理意义是清楚的,使得这些参数至少在原理上是可测量的,但是在实际中这些参数仅能通过分析对模拟结果的影响和通过已有实验数据比较来确定。

通过这样一种分析,可以确定 PMMA 的参数,在图 7.1 中,比较了已有实验数据[7,16,17]和基于能量歧离策略的精准蒙特卡罗方法获得的模拟结果。可以发现,对于 PMMA,两者相符最好时的参数值为 $\chi = 1.0\,\mathrm{eV}$、$W_{ph} = 0.1\,\mathrm{eV}$、$C = 0.15\,\mathrm{\AA}^{-1}$ 和 $\gamma = 0.14\,\mathrm{eV}^{-1}$[5,9]。需要注意的是,做类似的分析时,Ganachaud 和 Mokrani 发现,对于非晶 Al_2O_3,取下列参数值 $\chi = 0.5\,\mathrm{eV}$、$W_{ph} = 0.1\,\mathrm{eV}$、$C = 0.1\,\mathrm{\AA}^{-1}$ 和 $\gamma = 0.25\,\mathrm{eV}^{-1}$[1]。同样需要注意的是,发射系数强烈依赖上面的所有参数。许多材料的电子亲和势 χ 以及由于声子产生引起的能量损失 W_{ph} 都已经被测量过,其值可以在科学文献中查找到,两个参数 C 和 γ 的信息则较少（关于电子 – 极化子相互作用参见式(3.50)）。

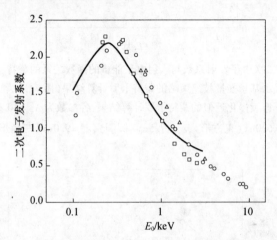

图 7.1　PMMA 的二次电子发射系数与入射电子能量的函数关系的蒙特卡罗计算与实验数据的比较（实线表示基于能量歧离策略的蒙特卡罗计算结果,各参数为 $\chi = 1.0\,\mathrm{eV}$、$W_{ph} = 0.1\,\mathrm{eV}$、$C = 0.15\,\mathrm{\AA}^{-1}$ 和 $\gamma = 0.14\,\mathrm{eV}^{-1}$。正方形表示文献 Yasuda 等[7]中 Matskevich 的实验数据。圆圈表示 Boubaya 和 Blaise 的实验数据。三角形表示 Rau 等的实验数据[17]）

7.4.3　CSDA 与 ES 策略的比较

基于 CSDA 策略的蒙特卡罗代码也依赖于两个参数:有效逸出深度 λ_s 和产生单个二次电子所需的有效能量 ε_s。将 ES 蒙特卡罗模拟结果（使用之前与实验数据拟合最好的 χ、W_{ph}、C 和 γ 值）和 CSDA 蒙特卡罗模拟结果进行比较（图 7.1）,则有可能确定 λ_s 和 ε_s 的值。对于 PMMA,在图 7.2 和图 7.3 中描述了这一过程。

在图 7.2 中,将 λ_s 的值设定为 $10.0\,\mathrm{\AA}$。图中给出了 ES 和 CSDA 蒙特卡罗结果的比较,其中 ε_s 的范围为 $6\sim9\,\mathrm{eV}$。由于 ε_s 最佳值为 $7.5\,\mathrm{eV}$,因此图 7.3 给出了 $\varepsilon_s = 7.5\,\mathrm{eV}$,$\lambda_s$ 的范围是 $5.0\sim15.0\,\mathrm{\AA}$ 的结果。对于 Al_2O_3,也有类似的过程来确定 ε_s 和 λ_s。

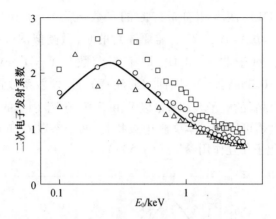

图 7.2　PMMA 二次电子发射系数与入射电子能量的函数关系的蒙特卡罗计算的比较
（实线表示基于能量歧离策略的蒙特卡罗计算结果（图 7.1），符号表示
基于连续慢化近似的蒙特卡罗计算结果，各参数为 $\lambda_s = 10.0\text{Å}$，
$\varepsilon_s = 6.0\text{eV}$（正方形），$\varepsilon_s = 7.5\text{eV}$（圆圈），$\varepsilon_s = 9.0\text{eV}$（三角形））

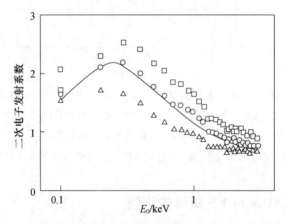

图 7.3　PMMA 二次电子发射系数与入射电子能量的函数关系的蒙特卡罗计算的比较
（实线表示基于能量歧离策略的蒙特卡罗计算结果（图 7.1），符号表示
基于连续慢化近似的蒙特卡罗计算结果，各参数为 $\varepsilon_s = 7.5\text{eV}$，
$\lambda_s = 15.0\text{Å}$（正方形），$\lambda_s = 10.0\text{eV}$（圆圈），$\lambda_s = 5.0\text{eV}$（三角形））

7.4.4　CSDA 策略与实验的比较

图 7.4 和图 7.5 分别给出了对于 PMMA 和 Al_2O_3，CSDA 代码计算结果与已有的实验数据[16,17,19−21]的比较。

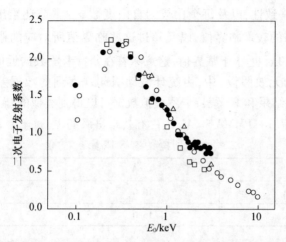

图 7.4　PMMA 二次电子发射系数与入射电子能量的函数关系的蒙特卡罗计算与
实验数据的比较(实心圆圈表示基于连续慢化近似的蒙特卡罗计算结果,其中
$\lambda_s = 10.0\text{Å}$, $\varepsilon_s = 7.5\text{eV}$。空心正方形表示文献 Yasuda 等[7] 中 Matskevich 的实验数据。
空心圆圈表示 Boubaya 和 Blaise 的实验数据[16]。空心三角形是 Rau 等的实验数据[17])

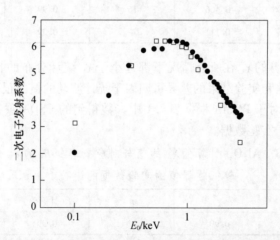

图 7.5　Al_2O_3 二次电子发射系数与入射电子能量的函数关系的蒙特卡罗计算与
实验数据的比较(实心圆圈表示基于连续慢化近似的蒙特卡罗计算结果,
其中 $\lambda_s = 15.0\text{Å}$, $\varepsilon_s = 6.0\text{eV}$。空心正方形表示 Dawson 的实验数据[21])

对 PMMA 和 Al_2O_3,表 7.1 中列出了基于 CSDA 的蒙特卡罗代码中使用的
物理参数的取值(即有效逸出深度 λ_s,产生单个二次电子所需的有效能量 ε_s),
这些值与其他物理参考数据一致。表 7.2 和表 7.3 列出了统计分布 χ_s^2 的计算
值,该值用来定量评价 CSDA 蒙特卡罗模拟数据(使用表 7.1 中的参数得到的)

和实验数据的一致性,以及每个比较的自由度数 ν。本节还给出了对于任意给定的 ν,χ^2_s 分布的较低临界值,以及超过这些临界值所对应的概率($p = 0.99$)。由于所有计算的 χ^2_s 远小于临界值,这意味着在蒙特卡罗数据近似等于实验数据的假设(所谓的无效假设)中,由统计波动引起观察到的数据差异的概率大于 99%,比较实验结果和 ES 蒙特卡罗模拟数据可以得到类似的结果。

表 7.1　PMMA 和 Al_2O_3 的有效逸出深度 λ_s 和产生单个
二次电子所需的有效能量 ε_s 的值

材料	$\lambda_s/Å$	ε_s/eV
PMMA	10.0	7.5
Al_2O_3	15.0	6.0

表 7.2　PMMA:计算的 χ^2_s 的值与对应概率 99% 的 χ^2_s 分布的
较低临界值的三套实验数据的比较[7,16,17]

文献	χ^2_s	ν(计算值)	p	χ^2_s(关键值)
Matskevich 等人[7]	0.476	11	0.99	3.053
Boubaya 和 Blaise[16]	0.466	16	0.99	5.812
Rau 等人[17]	0.111	4	0.99	0.297

注:由于计算的 χ^2_s 在所有情况下都远小于 χ^2_s 统计分布的临界值,CSDA 蒙特卡罗模拟数据和实验结果的差异可归因于统计波动的概率很高(大于 99%),因此可以推断,对于 PMMA 根据表 7.1 中参数得到的 CSDA 蒙特卡罗模拟数据很好地近似等于实验数据。

表 7.3　Al_2O_3:计算的 χ^2_s 的值与对应概率 99% 的 χ^2_s 分布的
较低临界值的实验数据的比较[21]

文献	χ^2_s	ν	P(计算值)	χ^2_s(临界值)
Dawson[21]	0.905	11	0.99	3.053

注:由于计算的 χ^2_s 显著小于 χ^2_s 统计分布的较低临界值,CSDA 蒙特卡罗模拟数据和实验结果的差异可归因于统计波动的概率很高(大于 99%),因此可以推断,对于 Al_2O_3 根据表 7.1 中参数得到的 CSDA 蒙特卡罗模拟数据很好地近似等于实验数据。

7.4.5　CPU 时间

ES 代码所需的计算时间远远高于 CSDA 代码所需的计算时间。对于一个典型的模拟(1keV 电子照射 PMMA),CSDA 策略比 ES 策略快过十倍。这种巨大的 CPU 时间差异的原因和二次电子的级联散射有关。ES 蒙特卡罗策略要求计算完整的级联过程。而 CSDA 蒙特卡罗策略只须计算每一个入射电子轨迹中每一步长所产生的二次电子个数。CSDA 蒙特卡罗策略更进一步的优点是参数个数的减少(只有两个参数,而能量歧离策略需要四个参数)。

当然,ES 蒙特卡罗代码基于更坚实的物理背景,还可以计算其他重要特性,如二次电子能量分布、横向分布、角分布以及深度分布,这些是 CSDA 近似不能得到的(见第 8 章)。

相对于实验数据的经验拟合来说,在实际应用中采用 CSDA 代码的优势当然是蒙特卡罗模拟在其他方面的预测能力。目前 CSDA 模型要求和已有数据或精准的模拟结果相符以计算它的自由参数,如果大量材料的参数已知,则可以使用它们来研究许多问题,例如,二次电子发射与任意给定能量的入射电子的角度的关系,或两侧无支撑薄膜的二次电子发射,或沉积在体样品上不同材料的薄膜的二次电子发射等。这不同于为了寻找参数值而使用该方法。对实验数据的简单经验拟合是不可能得到这些结果的。

综上所述,快速的 CSDA 蒙特卡罗代码可以用来计算二次电子发射系数。如果需要二次电子能量、横向和深度分布、或所涉及物理过程的详细描述,即使需要更多的 CPU 时间,也应采用 ES 蒙特卡罗策略。

7.5　小结

本章中使用输运蒙特卡罗方法研究了绝缘材料($PMMA$ 和 Al_2O_3)的二次电子发射。通过比较蒙特卡罗模拟与已有实验数据获得的二次电子发射系数,证明了计算方法的正确性。尤其是,分析了采用不同方法(能量歧离策略和连续慢化近似)计算的绝缘靶材中发射的二次电子发射系数。已经证实两种方法对于计算二次电子发射系数与入射电子能量的函数关系,可以得到类似的结果。此外,模拟结果与已有的实验数据符合得很好。然而对二次电子能量分布的评估则要求使用能量歧离策略以便考虑到所有能量损失机制的细节(见第 8 章)。

参 考 文 献

[1] J. P. Ganachaud, A. Mokrani, Surf. Sci. 334, 329(1995).

[2] M. Dapor, B. J. Inkson, C. Rodenburg, J. M. Rodenburg, Europhys. Lett. 82, 30006(2008).

[3] J. Ch. Kuhr, H. J. Fitting, J. Electron Spectrosc. Relat. Phenom. 105, 257(1999).

[4] M. Dapor, Nucl. Instrum. Methods Phys. Res. B 267 ,3055 (2009).

[5] M. Dapor, M. Ciappa, W. Fichtner, J. Micro/Nanolithogr. MEMS MOEMS 9 ,023001 (2010).

[6] Y. Lin, D. C. Joy, Surf. Interface Anal. 37 ,895 (2005).

[7] M. Yasuda, K. Morimoto, Y. Kainuma, H. Kawata, Y. Hirai, Jpn. J. Appl. Phys. 47 ,4890 (2008).

[8] C. G. Walker, M. M. El – Gomati, A. M. D. Assa' d, M. Zadrazil, Scanning 30 ,365 (2008).

[9] M. Dapor, Nucl. Instrum. Methods Phys. Res. B 269 ,1668 (2011).

[10] M. Dapor, Prog. Nucl. Sci. Technol. 2 ,762 (2011).

[11] G. F. Dionne, J. Appl. Phys. 44 ,5361 (1973).

[12] C. Rodenburg, M. A. E. Jepson, E. G. T. Bosch, M. Dapor, Ultramicroscopy 110 ,1185 (2010).

[13] M. Ciappa, A. Koschik, M. Dapor, W. Fichtner, Microelectron. Reliab. 50 ,1407 (2010).

[14] A. Koschik, M. Ciappa, S. Holzer, M. Dapor, W. Fichtner, Proc. SPIE 7729 ,77290X – 1 (2010).

[15] R. Shimizu, D. Ze – Jun, Rep. Prog. Phys. 55 ,487 (1992).

[16] M. Boubaya, G. Blaise, Eur. Phys. J. Appl. Phys. 37 ,79 (2007).

[17] É. I. Rau, E. N. Evstaf' eva, M. V. Adrianov, Phys. Solid State 50 ,599 (2008).

[18] M. Dapor, J. Phys. Conf. Ser. 402 ,012003 (2012).

[19] G. F. Dionne, J. Appl. Phys. 46 ,3347 (1975).

[20] D. C. Joy, http://web. utk. edu/ ~ srcutk/htm/interact. htm. Accessed April 2008.

[21] P. H. Dawson, J. Appl. Phys. 37 ,3644 (1966).

第8章
二次电子能量分布

我们知道,物质的电子和光学属性的研究对于理解纳米材料和固体的物理化学过程非常重要[1]。辐射损伤、化学成分分析和电子结构研究仅是电子 – 物质相互作用机制所扮演角色的少数几个例子。电子能谱仪和电子显微镜是研究电子如何与物质相互作用的基础仪器[2]。

电子能谱仪包含了很宽的技术领域。特别是,低能反射电子能量损失谱仪和俄歇电子能谱仪均利用了电子束来分析材料表面。

不管是低能反射电子能量损失谱仪,还是俄歇电子能谱仪均是散射理论的应用[3]。它们均基于这样的散射过程,初始状态的电子与固体靶材碰撞,最终的状态由极少量的不发生相互作用的能谱片段表征。对这些能量分布片段的分析组成了光谱仪的主要特征,因为它提供了待测系统特性的观察手段。

能谱,也就是以动能或能量损失为函数的出射电子强度的曲线,它带有所研究材料的重要信息[4-6]。

8.1 能谱的蒙特卡罗模拟

本节给出的数值结果是考虑了能量损失的所有机制(电子 – 电子、电子 – 声子、电子 – 等离激元、电子 – 极化子)和 Mott 散射截面描述的弹性散射获得的。此外,还考虑了二次电子的整个级联散射过程。图 8.1 给出了蒙特卡罗模拟得到的完整能谱,它是 250eV 电子束照射到 SiO_2 样品上时出射电子的能量分布[6]。在金属材料中也观察到了相似的能谱[4,5]。将本次计算的靶材视为半无限衬底。需要注意的是,对于薄膜情况,特别是当样品比平均自由程还薄时需要特殊对待。

初始电子束中的许多电子在经过与靶材原子和电子相互作用后发生背散射。它们中的一部分保持了原有的动能,仅与靶材的原子发生了弹性碰撞。这些电子构成了所谓的弹性峰,或者零能量损失,它们的最大值位于入射电子束的初始能量处。如图 8.1 的模拟结果所示,弹性峰是位于 250eV 处的一个很窄的峰。

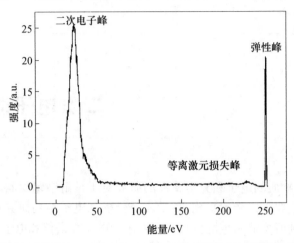

图 8.1　由蒙特卡罗模拟(ES 方案)的 250eV 电子束照射 SiO₂ 样品时逃逸出电子的
能量分布(弹性峰或零能量损失峰,它的最大值位于入射电子束的能量处,代表电子仅
受到弹性散射碰撞。等离激元峰代表入射电子束的电子从表面逃逸的过程中与
等离激元发生了单次非弹性碰撞。能谱中同样表示出了与等离激元的
多次碰撞,但是它们的强度非常低,所以在该尺度内不可见。二次电子能量谱
在能谱中非常低的能量范围处有一显著的峰值,通常在 50eV 以下[6])

在图 8.1 中,等离激元峰大致位于 227eV 附近,代表了入射电子束中的电子
与等离激元发生了单次非弹性碰撞后逸出表面的电子。该能谱中同样给出了与
等离激元发生多次碰撞而出射的电子,但是由于它们的强度非常低,因此在该尺
度下并不可见。在下面的章节中,将放大能谱中该区域以研究等离激元损失谱
的形状。

在图 8.1 中同样看不见电子 - 声子能量损失谱,原因如下:①该谱的强度相
对于弹性峰的强度非常小;②该谱与非常强的弹性峰的距离很近,同时弹性峰的
宽度更宽(1eV 量级),因此电子 - 声子损失谱不可分辨。

由于存在双电离原子,因此该能谱还包含了俄歇电子峰。在该尺度下,它们
同样不可见。俄歇峰(SiO₂ 能谱中氧的 K - LL 俄歇峰)及其背景的放大可采用
现有蒙特卡罗代码中的从头计算方法获得,其与实验数据的比较将在下文一起
给出。

最后,正如我们所知,二次电子是由级联散射过程产生的,它们是电子 - 电
子发生非弹性碰撞,激发原子中的电子并从靶材表面逃逸的电子。蒙特卡罗模
拟的能谱在非常低的能量区域有一个显著的峰,其典型值低于 50eV,这在图 8.1
中可以很清楚地看到。所选择材料的二次电子能量分布同样在下文给出。

8.2 等离激元损失和电子能量损失谱

为了简单讨论等离激元损失的主要特征,先给出关于石墨的数值模拟。在这种特定情况下,采用文献中的实验数据计算了介电函数,由此获得了能量损失函数[7-11]。需要注意的是,采用相似的半经验方法可以计算其他材料的等离激元损失。实际上,可以从文献中找到很多材料的能量损失函数的实验数据。例如,对于 SiO_2,可以采用文献[7,8,12]中的实验数据做类似处理。

8.2.1 石墨的等离激元损失

下面研究石墨的电子能量损失谱。它包含了由于外壳层电子非弹性散射产生的零能量损失峰、π 和 $\pi + \sigma$ 等离激元损失峰,以及由于多级散射额外产生的多个 $\pi + \sigma$ 等离激元峰。π 等离激元损失峰在 7eV 附近,而第一、第二和第三 $\pi + \sigma$ 等离激元损失峰分别位于 27eV、54eV 和 81eV 处。

石墨是各向异性晶体。它是多层结构的单轴晶体,因此,它的介电函数是一个只有两个不同对角元素的张量,一个与 c 轴正交,另一个与 c 轴平行。

图 8.2 比较了 500eV 的电子入射石墨的实验数据和蒙特卡罗模拟结果[13]。

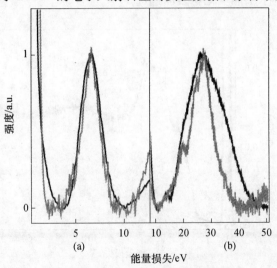

图 8.2 实验(黑色线)和蒙特卡罗模拟(灰色线)对比(入射电子能量为 500eV。通过减去线性的背景强度,等离激元损失峰被归一化到相同的高度。采用了 Henke 等[7,8]的光学数据,能量低于 40eV 时采用了文献[9-11]的数据。蒙特卡罗代码基于 ES 方案。感谢 Lucia Calliari 和 Massimiliano Filippi 提供的实验数据)
(a)π 等离激元损失峰;(b)$\pi + \sigma$ 等离激元损失峰[13]。

本节给出的蒙特卡罗模拟结果利用了实验的石墨介电函数:能量低于40eV使用了参考文献[9-11]报道的结果,而能量高于40eV采用了 Henke 等的光学数据[7,8]。

8.2.2 SiO_2 的等离激元损失

下面来分析蒙特卡罗模拟的入射电子能量 $E_0 = 2000eV$ 时,SiO_2 的电子能量损失谱(图8.1)。模拟时采用的介电函数,能量低于33.6eV使用了 Buechner 的实验数据[12],高于该能量时采用了 Henke 等的光学数据[7,8]。

蒙特卡罗模拟得到的能谱给出了两个等离激元损失峰,这两个峰位于23eV和46eV附近,分别代表了单次非弹性散射和两次非弹性散射。

所给出结果的主峰及肩峰可以通过价带和导带间的能带转移得到解释。等离激元损失主峰位于23eV附近,位于19eV处的肩峰是由于结合带的激发产生的,而位于15eV和13eV处的次峰是由于非结合带的激发产生的[15]。

图8.3 给出了主能量损失峰和弹性峰间的能量区域,其间没有观察到背散射电子。实际上,当靶材是绝缘体时,当原子的电子能量低于价带和导带的能量间隙值 E_G 时,电子不发生跃迁。因此,能量在 $E_0 - E_G \sim E_0$ 之间(能量损失为 $0 \sim E_G$)的入射电子不能从靶材表面逃逸。

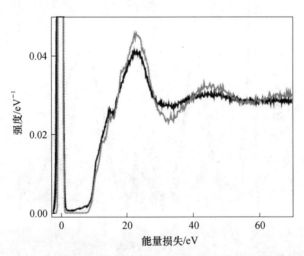

图8.3 2000eV 入射电子碰撞 SiO_2 的能量损失谱的实验(黑色线)和蒙特卡罗模拟结果(灰色线)(实验和蒙特卡罗谱均通过弹性峰的面积归一化。采用了 Henke 等[7,8]的光学数据,能量低于40eV 时采用了 Buechner 实验能量损失函数[12]。蒙特卡罗代码基于 ES 方案,感谢 Lucia Calliari 和 Massimiliano Filippi 提供的实验数据)

8.3 俄歇电子的能量损失

目前,蒙特卡罗代码可用于模拟在固体中行进还没有逃逸出表面的俄歇电子的能量损失谱。本章,蒙特卡罗代码可以用来计算固体中俄歇电子离开固体前的能量损失引起的原电子能量分布的改变。原电子分布采用了由 SURface PhotoeletRon 和 Inner Shell Electron Spectroscopy(SURPRISES)程序组从头计算的非辐射衰变谱。SURPRISES 的物理过程可以查阅文献[16 – 18]。该程序可以从头计算纳米簇和固态系统中的光致电离和无辐射衰减谱。

俄歇谱的模拟结果与实验比对需要恰当地考虑俄歇电子从固体内部向表面行进中损失的能量造成的俄歇电子能量分布的改变。为此,采用从头计算的俄歇概率分布作为非弹性电子的来源。之前计算的理论俄歇谱采用了从头计算,用于描述逃逸电子的初始能量分布。

通过假设一个不变的深度分布来计算俄歇电子的产生,根据文献[19],该深度设定为 40Å。图 8.4 给出了计算结果与原始实验数据的对比,给出的实验数据没有进行任何能量损失的反卷积,同时提供了从头计算的原始理论谱。

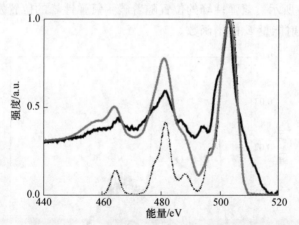

图 8.4　SiO_2 的 OK – LL 俄歇谱(对比了量子力学理论数据(虚线)、
蒙特卡罗模拟结果(灰色实线)和原始实验数据(黑色实线)[16]。
感谢 Stefano Simonucci 和 Simone Taioli 提供的量子力学理论数据。
感谢 Lucia Calliari 和 Massimiliano Filippi 提供的实验数据)

可以看到,蒙特卡罗能量损失计算增加并展宽了俄歇概率。蒙特卡罗计算的 $K – L_1 L_{23}$ 峰被大幅展宽,这是由于 SiO_2 的主等离激元损失峰与零损失峰(约

23eV,图 8.3)间的距离与俄歇谱中 $K - L_{23}L_{23}$ 和 $K - L_1L_{23}$ 的特征峰距离相等。

实验结果和从头计算的蒙特卡罗模拟结果达到了很好的一致性,特别是在能量位置、峰的相对强度和整个研究的能量范围的背景分布上符合得很好。

8.4 电子能谱的弹性峰

弹性峰的谱线形状分析以弹性峰电子谱(EPES)著称[20,21]。电子的能量被转移到靶材的原子中(反冲能量),电子弹性峰的能量被降低。由于越轻的元素表现的能量偏移越大,电子能谱中的 EPES 是唯一一种可用来检测聚合物和氢化碳基材料中的氢的方法[22-29]。氢的检测是通过测量碳(或碳 + 氧)弹性峰位置和氢弹性峰位置的能量差获得的,对于入射电子能量范围为 $1000 \sim 2000\text{eV}$ 时,弹性峰能量位置的差异在 2eV 左右到 4eV 左右这个范围,并且随着入射电子能量的增加而增加。质量为 m_A 的原子的平均反冲能量 E_R 为

$$E_R = \frac{4m}{m_A}E_0 \sin^2 \frac{\vartheta}{2} \tag{8.1}$$

蒙特卡罗模拟的 PMMA 的弹性峰电子谱如图 8.5($E_0 = 1500\text{eV}$)和图 8.6($E_0 = 2000\text{eV}$)所示。氢弹性峰的位置随着碳 + 氧弹性峰的位置发生了偏移,能量的偏移是入射能量 E_0 的增函数。

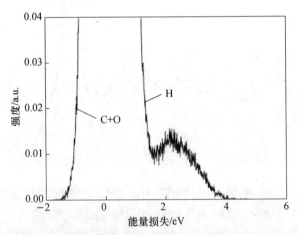

图 8.5 蒙特卡罗模拟的 PMMA 的 EPES(给出了 C + O 和 H 的弹性峰,入射电子能量 $E_0 = 1500\text{eV}$)

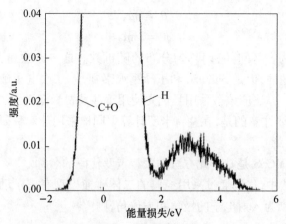

图 8.6 蒙特卡罗模拟的 PMMA 的 EPES(给出了 $C + O_2$ 和 H 的弹性峰，
入射电子能量 $E_0 = 2000eV$)

8.5 二次电子能谱

电子能量谱的另一重要特性由二次电子发射分布表征，即通过非弹性碰撞从固体原子中激发并在固体中输运，到达表面时具有足够的能量能从表面逃逸的电子的能量分布。二次电子的能量分布被限制在能谱的低能区域，通常在 50eV以下。这是一个具有明显特征的峰，在电子级联散射过程中会产生二次电子，这些二次电子沿着其行进的轨迹又产生更多的二次电子，从而产生了二次电子喷射。

第一个问题是由费米海激发产生的二次电子是满足球对称，还是动量守衡，如果满足球对称，这将与经典的二体碰撞理论描述相一致的动量守恒相违背（见 5.2.3 节）。由于这两种过程导致的能量分布存在差异，所以采用了两个版本的蒙特卡罗代码进行模拟。其中一个版本的代码在二次电子产生的位置处，采用了球形对称描述二次电子发射的角度分布；另一个版本则基于动量守恒。两套蒙特卡罗代码均与实验数据进行了对比，从而可以确定哪种蒙特卡罗方案更适合描述该现象。可以看到，相对于动量守恒，基于球对称的假设与实验结果符合得更好。这也与 Shimizu 和丁泽军[30]给出的在蒙特卡罗模拟中二次电子的产生采用球对称的建议相一致。

8.5.1 二次电子的初始极角及方位角

每个二次电子的初始极角 θ_s 和初始方位角 ϕ_s 都可以通过两种不同的方法计算。第一种方法中，基于二次电子以球对称出射的假设，二次电子的初始极角和方位角由随机数确定，即

$$\theta_s = \pi\mu_1 \tag{8.2}$$

$$\phi_s = 2\pi\mu_2 \tag{8.3}$$

式中:μ_1 和 μ_2 为在区间[0,1]均匀分布的随机数。这一方法违背了动量守恒,因此它是有问题的,但是 Shimizu 和丁泽军观察到,慢二次电子确实是球对称产生的,因此,这一方法应该被采用且优先使用于涉及费米海激发二次电子产生的过程中[30]。需要注意的是,在蒙特卡罗计算中同样采用球对称研究二次电子发射系数(见第 7 章)。

在本章中,MCSS 是基于此方法的蒙特卡罗代码的名称。

第二种方法中,代码通过采用经典的二体碰撞模型考虑了动量守恒,因此,如果 θ 和 ϕ 分别为入射电子的极角和方位角,则[30]

$$\sin\theta_s = \cos\theta \tag{8.4}$$

$$\phi_s = \pi + \phi \tag{8.5}$$

在本章中,MCMC 代表第二种方法的蒙特卡罗代码。MCSS 和 MCMC 代码的计算结果将与理论和实验数据[31]进行比对。

8.5.2　理论和实验数据的比较

图 8.7 和图 8.8 分别给出了硅靶和铜靶出射的二次电子的能量分布。硅靶的入射电子束的能量 $E_0 = 1000\text{eV}$,铜靶的入射电子束的能量 $E_0 = 300\text{eV}$。由上面描述的两种不同方法(MCSS 和 MCMC)的蒙特卡罗计算结果与 Amelio 的理论结果和实验结果[32]进行了对比。

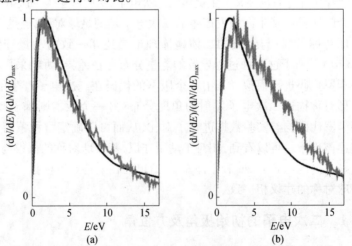

图 8.7　硅靶材中发射出的二次电子的能量分布($E_0 = 1000\text{eV}$。蒙特卡罗
计算结果[31](灰色线)与 Amelio 的理论结果[32](黑色线)进行了对比)
(a)MCSS 代码;(b)MCMC 代码(详细细节见正文)。

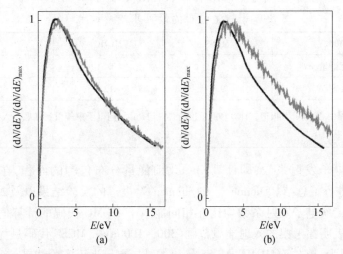

图 8.8　铜靶材中发射出的二次电子的能量分布（$E_0 = 300\text{eV}$。蒙特卡罗

计算结果[31]（灰色线）与 Amelio 的理论结果[32]（黑色线）进行了对比）

（a）MCSS 代码；（b）MCMC 代码（详细细节见正文）。

　　采用 Amelio 的理论做对比，MCSS 方案给出的结果比 MCMC 代码符合得更
好。事实上，对于所研究的入射能量范围和两种材料，很明显，采用 MCSS 代码，
最大值的位置和能量分布的总体趋势与 Amelio 数据表现出完美的吻合。而另
一方面，采用 MCMC 代码得到的二次电子能量分布与 Amelio 数据吻合得并不是
非常好：最大值的位置向高能处偏移，能量分布形状也与 Amelio 的能量分布十
分不同。值得注意的是，Amelio 还报道了二次电子能量分布的实验数据。在
表 8.1 和表 8.2 中，给出了 MCSS 和 MCMC 计算出的能量分布的主要特征（最可
几能量（MPE）和半峰宽（FWHM）），并且与 Amelio 报道的实验数据进行了
对比。

表 8.1　由两种不同方案（MCSS 和 MCMC，详见正文）的蒙特卡罗计算的
二次电子能量分布的最可几能量和半峰宽

硅（1000eV）	MCSS	MCMC	实验
最可几能量/eV	1.8	2.8	1.7
半峰宽/eV	5.3	8.5	5.0

注：实验数据由 Amelio[32] 报道。计算和测量值的获得均是以 z 向电子束辐射硅基底。入射电子束能
量为 1000eV

表 8.2　由两种不同方案(MCSS 和 MCMC,详见正文)的蒙特卡罗计算的
二次电子能量分布的最可几能量和半峰宽

铜(300eV)	MCSS	MCMC	实验
最可几能量/eV	2.8	3.5	2.8
半峰宽/eV	9.2	12	10

注:实验数据由 Amelio[32] 报道。计算和测量值的获得均以 z 向电子束辐射铜基底。入射电子束能量为300eV

二次电子发射系数,即计算归一化前能量分布包围的面积,在表 8.3 和表 8.4中进行了总结。Dionne[33] 和 Shimizu[34] 报道的实验结果以及 MCSS 代码计算出的二次电子发射系数均比在相同能量下 MCMC 代码的计算值高。这一比较同样表明在考察的入射能量范围(300~1000eV),MCSS 代码是优于 MCMC 代码的,因为,相对于 MCMC,MCSS 给出的结果更接近于实验结果。

表 8.3　由两种不同方案(MCSS 和 MCMC,详见正文)的
蒙特卡罗计算的二次电子发射系数

E_0/eV	MCSS	MCMC	Dionne[33]
300	1.26	0.58	1.17
500	1.15	0.54	1.12
1000	0.91	0.46	0.94

注:计算和测量值的获得均以 z 向电子束辐射硅基底。E_0 代表入射电子束的能量

表 8.4　由两种不同方案(MCSS 和 MCMC,详见正文)的
蒙特卡罗计算的二次电子发射系数

E_0/eV	MCSS	MCMC	Shimizu[34]
300	1.09	0.71	—
500	1.02	0.65	1.01
1000	0.81	0.53	0.89

注:计算和测量值的获得均以 z 向电子束辐射铜基底。E_0 代表入射电子束的能量

MCSS 结果与 Amelio[32]、Dionne[33] 和 Shimizu[34] 的理论和实验结果的吻合(MCMC 与实验结果不吻合),归功于低能二次电子发射的各向同性,原因如下:①碰撞后效应及随后二次电子间的能量和动量转移存在随机性;②二次电子发射后,随后的传导电子间存在相互作用。

总之,目前的研究结果表明,为了获得与实验和理论吻合的结果,在蒙特卡罗代码中,应该以球对称产生慢二次电子。

8.6 小结

本章通过蒙特卡罗方法模拟获得了反射电子能量损失谱、俄歇电子谱、弹性峰电子能谱和二次电子能量谱。这些能谱的模拟结果均与可用的实验数据进行了对比,模拟结果和实验结果符合得很好。

参 考 文 献

[1] R. M. Martin, *Electronic Structure. Basic Theory and Practical Methods* (Cambridge University Press, Cambridge, 2004).

[2] M. D. Crescenzi, M. N. Piancastelli, *Electron Scattering and Related Spectroscopies* (World Scientific Publishing, Singapore, 1996).

[3] R. G. Newton, *Scattering Theory of Wave and Particle* (Springer, New York, 1982).

[4] R. Cimino, I. R. Collins, M. A. Furman, M. Pivi, F. Ruggiero, G. Rumolo, F. Zimmermann, Phys. Rev. Lett. 93, 014801 (2004).

[5] M. A. Furman, V. H. Chaplin, Phys. Rev. Spec. Top. Accelerators and Beams 9, 034403 (2006).

[6] M. Dapor, J. Phys: Conf. Ser. 402, 012003 (2012).

[7] B. L. Henke, P. Lee, T. J. Tanaka, R. L. Shimabukuro, B. K. Fujikawa, At. Data Nucl. Data Tables 27, 1 (1982).

[8] B. L. Henke, P. Lee, T. J. Tanaka, R. L. Shimabukuro, B. K. Fujikawa, At. Data Nucl. Data Tables 54, 181 (1993).

[9] J. Daniels, C. V. Festenberg, H. Raether, K. Zeppenfeld, Springer Tracts Mod. Phys. 54, 78 (1970).

[10] H. Venghauss, Phys. Status Solidi B 71, 609 (1975).

[11] A. G. Marinopoulos, L. Reining, A. Rubio, V. Olevano, Phys. Rev. B 69, 245419 (2004).

[12] U. Buechner, J. Phys. C: Solid State Phys. 8, 2781 (1975).

[13] M. Dapor, L. Calliari, M. Filippi, Nucl. Instrum. Methods Phys. Res. B 255, 276 (2007).

[14] M. Filippi, L. Calliari, M. Dapor, Phys. Rev. B 75, 125406 (2007).

[15] M. H. Reilly, J. Phys. Chem. Solids 31, 1041 (1970).

[16] S. Taioli, S. Simonucci, L. Calliari, M. Dapor, Phys. Rep. 493, 237 (2010).

[17] S. Taioli, S. Simonucci, L. Calliari, M. Filippi, M. Dapor, Phys. Rev. B 79, 085432 (2009).

[18] S. Taioli, S. Simonucci, M. Dapor, Comput. Sci. Discov. 2, 015002 (2009).

[19] G. A. van Riessen, S. M. Thurgate, D. E. Ramaker, J. Electron Spectrosc. Relat. Phenom. 161, 150 (2007).

[20] G. Gergely, Prog. Surf. Sci. 71, 31 (2002).

[21] A. Jablonski, Prog. Surf. Sci. 74, 357 (2003).

[22] D. Varga, K. Tökési, Z. Berènyi, J. Tóth, L. Kövér, G. Gergely, A. Sulyok, Surf. Interface Anal. 31, 1019 (2001).

[23] A. Sulyok, G. Gergely, M. Menyhard, J. Tóth, D. Varga, L. Kövér, Z. Berènyi, B. Lesiak, A. Jablonski, Vacuum 63, 371 (2001).

[24] G. T. Orosz, G. Gergely, M. Menyhard, J. Tóth, D. Varga, B. Lesiak, A. Jablonski, Surf. Sci. 566 − 568, 544 (2004).

[25] F. Yubero, V. J. Rico, J. P. Espinós, J. Cotrino, A. R. González − Elipe, Appl. Phys. Lett. 87, 084101 (2005).

[26] V. J. Rico, F. Yubero, J. P. Espinós, J. Cotrino, A. R. González − Elipe, D. Garg, S. Henry, Diam. Relat. Mater. 16, 107 (2007).

[27] D. Varga, K. Tökési, Z. Berènyi, J. Tóth, L. Kövér, Surf. Interface Anal. 38, 544 (2006).

[28] M. Filippi, L. Calliari, Surf. Interface Anal. 40, 1469 (2008).

[29] M. Filippi, L. Calliari, C. Verona, G. Verona − Rinati, Surf. Sci. 603, 2082 (2009).

[30] R. Shimizu, D. Ze − Jun, Rep. Prog. Phys. 55, 487 (1992).

[31] M. Dapor, Nucl. Instrum. Methods Phys. Res. B 267, 3055 (2009).

[32] G. F. Amelio, J. Vac. Sci. Technol. B7, 593 (1970).

[33] G. F. Dionne, J. Appl. Phys. 46, 3347 (1975).

[34] R. Shimizu, J. Appl. Phys. 45, 2107 (1974).

第 9 章
应 用

本章将讨论蒙特卡罗方法在纳米测量中的一些重要应用,将重点关注以下两方面:①计算硅衬底上沉积一定几何截面的抗蚀材料的线扫描;②用于硅 P – N 结图像衬度的能量选择 SEM。

9.1 临界尺度 SEM 的线宽测量

蒙特卡罗计算二次电子发射系数的一个非常重要的应用是关于纳米测量和 SEM 临界尺寸的线宽测量[1-5]。采用本书前面描述的能量歧离方法和所有的散射主要机制(弹性电子 – 原子,准弹性电子 – 声子,以及非弹性电子 – 等离激元和电子 – 极化子的相互作用)[7-9],文献[1,6]近期进一步研究了这一问题。能量歧离对应的蒙特卡罗模块已经被纳入到 PENELOPE 代码中[10-12]。

9.1.1 CD SEM 中的纳米测量和线宽测量

为了提供 CMOS 技术的度量,亚纳米级的临界尺寸测量已经表现出了不确定性,特别是用于电子束光刻的光致抗蚀剂线(如 PMMA 线)的线宽测量,所以必须理解和掌握扫描电子显微镜图像形成的物理过程及模型。由蒙特卡罗模拟低能入射电子产生的二次电子及其输运,是迄今为止扫描电子显微镜获得图像信息的最精确的方法。

CMOS 技术中的典型结构是硅衬底上具有梯形横截面的介质线(如 PMMA 线,图 9.1)。在亚纳米级 SEM 测量的不确定性上,需要研究的临界尺寸有底线宽度、顶线宽度、上升沿的斜率和下降沿的斜率。

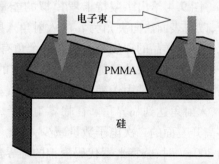

图 9.1　硅衬底上的梯形截面的介质材料（如 PMMA）（要求线扫描垂直于该结构）

9.1.2 横向和深度分布

二次电子成像的横向和深度分辨率与二次电子在固体内的扩散相关。因此,在这个过程之前,研究新生成电子的横向和深度分布范围则变得很重要。图 9.2 给出了在 1000eV 初始能量下,采用△型光斑扫描,从 PMMA 中逃逸出的二次电子的横向分布。图 9.3 给出了在相同能量下,能够从样品表面逃逸的二次电子生成位置的深度分布。图 9.2 和图 9.3 分别给出了二次电子发射的横向和深度分辨率的概况。与理论模型比较,逃逸出的二次电子的横向和深度分布误差小于 50Å,这与理论模型是吻合的。

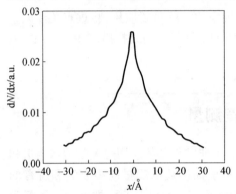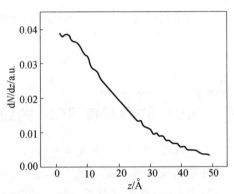

图 9.2　蒙特卡罗模拟的 PMMA 产生的
二次电子的横向分布 dN/dx[6]
（电子初始能量 $E_0 = 1000eV$）

图 9.3　蒙特卡罗模拟的深度分布 dN/dz
（能够从 PMMA 样品中逃逸的二次
电子的生成位置分布[6]。电子初始
能量 $E_0 = 1000eV$）

9.1.3 以入射角为函数的二次电子发射系数

图 9.4 给出了蒙特卡罗模拟的能量为 300eV、1000eV 和 3000eV 的初始电子,以与表面法向夹角为 α 的入射角入射 PMMA 时的二次电子发射系数。入射电子穿透样品的深度与入射角的余角有关,当该角度非常小时,所产生的二次电子也是十分有限的。随着与表面法向的角度,即入射角 α 增大,二次电子发射系数增加。这是由于随着角度的增加,相互作用范围更加接近于样品表面。随后,入射角达到临界角。在临界角以上,由于二次电子产生的平均深度增加,能够离开表面的二次电子数量减少,因此二次电子发射系数减小。对于入射能量为 300eV 时,蒙特卡罗代码模拟的临界角约为 60°。

如图 9.4 所示,随着入射能量的增加,二次电子发射系数的最大值的位置向更大的角度方向移动。当入射能量变得足够高时,二次电子发射系数的最大值消失并呈单调增加,该结论与 Joy 的模拟结果吻合[13]。

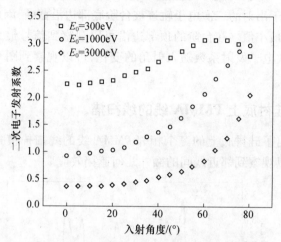

图 9.4　蒙特卡罗模拟的 PMMA 材料在不同入射角 α 下的
二次电子发射系数(α 为与表面法向的夹角[6])

9.1.4　硅平台的线扫描

上文讨论的二次电子发射系数与入射角的关系,可以部分地解释对于给定材料在平台边缘所形成的二次电子图像的线扫描形状。图 9.5 描述了硅的单台阶扫描情形。

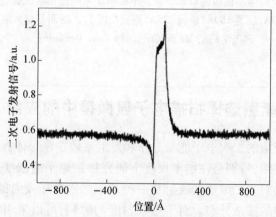

图 9.5　蒙特卡罗模拟的硅平台的行扫描(与侧壁角度为 10°,入射电子能量为 700eV。
信号的形状依赖于入射电子的角度、能量、入射点位置和几何结构。
模拟是按照笔形射束的方式进行的。感谢苏黎世瑞士
联邦理工学院的 Mauro Ciappa 和 Emre Ilgüsatiroglu)

当表面是平面时,对应的是垂直入射的二次电子发射系数。当接近负 x 位置处的台阶,由于出射的二次电子轨迹被台阶底部边沿截断,因此产生了遮挡效应,信号达到了最小值。在台阶的顶部边沿可以观察到信号最大值。根据蒙特卡罗预测的二次电子发射系数随入射角的变化,可以观察到图 9.5 中的中间的过渡状态。

9.1.5 硅衬底上 PMMA 线的线扫描

图 9.6 给出了硅衬底上的三个相邻 PMMA 线的线扫描模拟结果。在内部边缘信号中可以观察到邻近线间的额外几何遮挡效应。

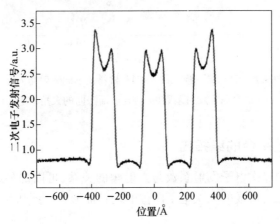

图 9.6 蒙特卡罗模拟的以 500eV 的笔形电子束线扫描硅沉底的 PMMA 线
（高 200Å,底宽 160Å,顶宽 125Å,侧壁角度 5°。感谢苏黎世瑞士联邦
理工学院的 Mauro Ciappa 和 Emre Ilgüsatiroglu）

9.2 在能量选择扫描电子显微镜中的应用

蒙特卡罗模拟的二次电子能量分布和发射系数在半导体器件的设计和表征方面具有重要应用,特别是在纳米尺度下研究掺杂原子的浓度分布。该应用被称为二维掺杂映射。二维掺杂映射是一种基于二次电子发射的技术,它可以快速获得半导体中的掺杂分布。对于掺杂衬度的解释,可以采用考虑了电子亲和势的蒙特卡罗模拟计算的掺杂硅的二次电子发射[14]。

9.2.1 掺杂衬度

在纳米尺度定量映射掺杂原子浓度分布的一个可靠方法就是采用 SEM 中

二次电子的衬度[15-21]。P-N 结的二次电子发射系数是变化的[22]。P 型区相对于 N 型区发射更多的二次电子。因此,P 型区的 SEM 图像更亮。

衬度 C_{pn} 的计算公式为

$$C_{pn} = 200 \frac{I_p - I_n}{I_p + I_n} \tag{9.1}$$

式中:I_p 和 I_n 分别为 P 型区和 N 型区的二次电子发射系数。

增加电子亲和势会降低二次电子能谱低能段的强度,这是由于电子从材料内部到达表面时遇到了更大的势垒。二次电子发射能谱的积分也就是二次电子发射系数,所以随着电子亲和势的增加,二次电子发射系数减小。由于在 P-N 结处费米能级平衡,P 型区相对于 N 型区具有更低的电子亲和势,因此 P 型区比 N 型区可以发射更多的二次电子,这已在蒙特卡罗模拟中得到证实。

实际上,P-N 结中所谓的内建电势 eV_{bi} 不同于电子亲和势,即内建电势不是决定衬度的电子亲和势的绝对值。对于简单的 P-N 结,其内建电势是很容易计算出来的。在充分电离的情况下,内建电势由下式给出[23],即

$$eV_{bi} = k_B T \ln \frac{N_a N_d}{N_i^2} \tag{9.2}$$

式中:k_B 为玻耳兹曼常数;T 为绝对温度;N_a、N_d 和 N_i 分别为受主掺杂载流子浓度、施主掺杂载流子浓度和本征载流子浓度。如果 N 区和 P 区的接触区的掺杂状态已知,则由公式(9.2)可以计算出内建电势。

已报道的纯硅(未掺杂)的电子亲和势为 4.05eV[24]。蒙特卡罗计算中,对于电子能量 $E_0 = 1000$eV,P 型样品采用 $\chi = 3.75$eV,N 型样品采用 $\chi = 4.35$eV。采用与上面给出的电子亲和势一致的 P 型和 N 型样品,在同一电子能量下,Elliott 等人报道的衬度为 $C_{pn} = (16 \pm 3)\%$[21],蒙特卡罗模拟的衬度为 $C_{pn} = (17 \pm 3)\%$[14],模拟结果与 Elliott 等人的实验获得的数据一致。

9.2.2 能量选择扫描电子显微镜

Rodenburg 等人[25]的实验表明,仅考虑低能电子的 P-N 结的图像衬度,显著高于标准条件下(所有能量的二次电子均参与图像形成)获得的衬度。因此,在给定的(低)能量窗口中选择二次电子形成图像,代替所有二次电子形成图像,可以获得更精确的量化对比度。

众所周知,由于表面能带弯曲[26],因此在接近表面处内建电势的值是小于公式(9.2)的计算值的。由于表面能带弯曲降低了内建电势,因此从表面区域发射的二次电子并没有完全被内建电势阻挡。对于纯硅样品,图9.7 给出了采用蒙特卡罗模拟的能谱。二次电子分布的最大值在深度 1Å 处产生,约为 10eV。

可以观察到,在20Å深度内产生的二次电子分布的最大值约为2eV。因此,以更低能量离开材料的二次电子在样品中产生的深度比高能的二次电子更深。本书对于Si的蒙特卡罗计算结果与其他作者报道的铜[27]和SiO_2[28]的结果相似。根据实验观察,V_{bi}越大,衬度越高。这是由于高能量电子是在接近于表面产生的,表面处的内建电势更小,低能量的二次电子被选择将提高掺杂衬度,这也与Rodenburg等人[25]提供的实验现象完全一致。

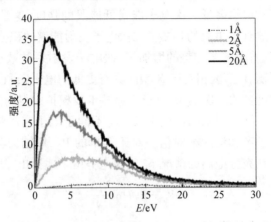

图9.7　蒙特卡罗模拟的硅不同深度处产生的二次电子对电子出射能谱的贡献[25]

9.3　小结

本章描述了蒙特卡罗方法在纳米测量和掺杂衬度方面的一些应用。

本章讨论了蒙特卡罗代码的某些基本方面的可能应用,特别是在非常低入射能量下采用产生的二次电子图像测量线宽。为了在CMOS工艺中采用精确的纳米测量提取临界尺寸的信息,本章采用蒙特卡罗模拟研究了扫描电子显微镜的物理图像信息[6]。

此外,蒙特卡罗模拟表明离开材料的二次电子的能量越低,其在材料中产生的位置相对于高能量的二次电子越深。由于接近表面处的内建电势更小,因此选择低能量的二次电子,而不是所有的二次电子形成图像,可以提高衬度,从而改进二维掺杂原子分布的测量质量[25]。

参 考 文 献

[1] A. Koschik, M. Ciappa, S. Holzer, M. Dapor, W. Fichtner, Proc. SPIE 7729, 77290X – 1(2010).

[2] C. G. Frase, D. Gnieser, H. Bosse, J. Phys. D: Appl. Phys. 42, 183001(2009).

[3] J. S. Villarrubia, A. E. Vladár, B. D. Bunday, et al., Proc. SPIE 5375, 199(2004).

[4] J. S. Villarrubia, A. E. Vladár, M. T. Postek, Surf. Interface Anal. 37, 951(2005).

[5] J. S. Villarrubia, N. Ritchie, J. R. Lowney, Proc. SPIE 6518, 65180K(2007).

[6] M. Ciappa, A. Koschik, M. Dapor, W. Fichtner, Microelectron. Reliab. 50, 1407(2010).

[7] J. P. Ganachaud, A. Mokrani, Surf. Sci. 334, 329(1995).

[8] M. Dapor, M. Ciappa, W. Fichtner, J. Micro/Nanolith MEMS MOEMS 9, 023001(2010).

[9] M. Dapor, Nucl. Instrum. Methods Phys. Res. B 269, 1668(2011).

[10] F. Salvat, J. M. Fernández – Varea, E. Acosta, J. Sempau, PENELOPE: a code system for Monte Carlo simulation of electron and photon transport(Nuclear energy agency – Organisation for economic cooperation and development publishing, 2001).

[11] J. Baró, J. Sempau, J. M. Fernández – Varea, F. Salvat, Nucl. Instrum. Methods Phys. Res. B 84, 465 (1994).

[12] J. M. Fernández – Varea, J. Baró, J. Sempau, F. Salvat, Nucl. Instrum. Methods Phys. Res. B 100, 31 (1995).

[13] D. C. Joy, *Monte Carlo Modeling for Electron Microscopy and Microanalysis*(Oxford University Press, New York, 1995).

[14] M. Dapor, B. J. Inkson, C. Rodenburg, J. M. Rodenburg, Europhys. Lett. 82, 30006(2008).

[15] A. Howie, Microsc. Microanal. 6, 291(2000).

[16] A. Shih, J. Yater, P. Pehrrson, J. Buttler, C. Hor, R. Abrams, J. Appl. Phys. 82, 1860(1997).

[17] F. Iwase, Y. Nakamura, S. Furuya, Appl. Phys. Lett. 64, 1404(1994).

[18] F. Iwase, Y. Nakamura, Appl. Phys. Lett. 71, 2142(1997).

[19] D. D. Perovic, M. R. Castell, A. Howie, C. Lavoie, T. Tiedje, J. S. W. Cole, Ultramicroscopy 58, 104(1995).

[20] D. Venables, H. Jain, D. C. Collins, J. Vac. Sci. Technol. B 16, 362(1998).

[21] S. L. Elliott, R. F. Broom, C. J. Humphreys, J. Appl. Phys. 91, 9116(2002).

[22] T. H. P. Chang, W. C. Nixon, Solid – State Electron. 10, 701(1967).

[23] N. Ashcroft, N. D. Mermin, *Solid State Physics*, (W. B Saunders, Philadelphia, 1976).

[24] P. Kazemian, Progress towards quantitive dopant profiling with the scanning electron microscope, Doctorate dissertation, University of Cambridge, 2006

[25] C. Rodenburg, M. A. E. Jepson, E. G. T. Bosch, M. Dapor, Ultramicroscopy 110, 1185(2010).

[26] A. K. W. Chee, C. Rodenburg, C. J. Humphreys, Mater. Res. Soc. Symp. Proc. 1026, C04 – 02(2008).

[27] T. Koshikawa, R. Shimizu, J. Phys. D. Appl. Phys. 7, 1303(1974).

[28] H. J. Fitting, E. Schreiber, JCh. Kuhr, A. von Czarnowski, J. Electron Spectrosc. Relat. Phenom. 119, 35 (2001).

第10章

附录 A：Mott 理论

文献[1]是 Mott 理论的最早版本(也就是相对论分波展开法，即 RPWEM)，Mott 理论的细节和应用可以参见文献[2-4]。

根据 Mott 理论，弹性散射过程可以通过计算相移来描述。如果以 r 代表径向坐标，由于已知径向波函数在较大 r 时的渐进行为，则通过求解中心静电场的狄拉克公式可以获得相移，该中心场具有可忽略原子势的较大半径。

10.1 相对论分波展开法

Mott 理论基于求解中心场的狄拉克公式。Lin 等人[5]、Bunyan 和 Schönfelder[6]指出了中心场处的狄拉克公式可以转化为下面的一阶微分等式，即

$$\frac{\mathrm{d}\phi_1^{\pm}(r)}{\mathrm{d}r} = \frac{k^{\pm}}{r}\sin[2\phi_1^{\pm}(r)] - \frac{mc^2}{\hbar c}\cos[2\phi_1^{\pm}(r)] + \frac{E - V(r)}{\hbar c} \qquad (10.1)$$

式中：$V(r)$ 为原子势(见下文)；c 为光速；$k^+ = -l - 1$，$k^- = l$ 且 $l = 0, 1, \cdots, \infty$。

通过数值求解可计算该等式的 $\phi_1^{\pm}$，定义 $\phi_1^{\pm}(r)$ 的极限为离核的距离 $r \to \infty$，即

$$\phi_1^{\pm} = \lim_{r \to \infty}\phi_1^{\pm}(r) \qquad (10.2)$$

由 Mott 理论预测的微分弹性散射截面为

$$\frac{\mathrm{d}\sigma_{\mathrm{el}}}{\mathrm{d}\Omega} = |f(\vartheta)|^2 + |g(\vartheta)|^2 \qquad (10.3)$$

函数 $f(\vartheta)$ 和 $g(\vartheta)$ 为散射振幅。根据 Mott 理论[1]，散射振幅可由下式计算，即

$$f(\vartheta) = \frac{1}{2iK}\sum_{l=0}^{\infty}\{(l+1)[\exp(2i\eta_1^-) - 1] + l[\exp(2i\eta_1^+) - 1]\}P_1(\cos\vartheta)$$

$$(10.4)$$

$$g(\vartheta) = \frac{1}{2iK}\sum_{l=1}^{\infty}[-\exp(2i\eta_1^-) + \exp(2i\eta_1^+)]P_1^l(\cos\vartheta) \qquad (10.5)$$

其中，E 代表电子动能，m 为电子质量，K 由下式计算，即

$$K^2 = \frac{E^2 - m^2 c^4}{\hbar^2 c^2} \tag{10.6}$$

η_1^- 和 η_1^+ 的值代表了相移，函数 P_1 是勒让德多项式，有

$$P_1^1(x) = (1 - x^2)^{1/2} \frac{dP_1(x)}{dx} \tag{10.7}$$

相移可以通过计算下面等式的解获得，即

$$\tan\eta_1^\pm = \frac{Kj_{l+1}(Kr) - j_1(Kr)\left[\xi\tan\phi_1^\pm + (1 + l + k^\pm)/r\right]}{Kn_{l+1}(Kr) - n_1(Kr)\left[\xi\tan\phi_1^\pm + (1 + l + k^\pm)/r\right]} \tag{10.8}$$

其中

$$\xi = \frac{E + mc^2}{\hbar c} \tag{10.9}$$

在式(10.8)中，j_1 和 n_1 分别为规则和非规则的球贝塞尔函数。

如果在前面的公式中，假设

$$\eta_1^- = \eta_1^+ = \eta_1 \tag{10.10}$$

则可以获得非相对论公式。实际上，在这种情况下

$$f(\theta) = \frac{1}{2iK} \sum_{l=0}^{\infty} (2l + 1)\left[\exp(2i\eta_1) - 1\right] P_1(\cos\theta) \tag{10.11}$$

$$= \frac{1}{K} \sum_{l=0}^{\infty} (2l + 1)\exp(i\eta_1)\sin\eta_1 P_1(\cos\theta)$$

而函数 $g(\theta)$ 完全等于 0，即

$$g(\theta) = 0 \tag{10.12}$$

因此，弹性散射截面由下面简化的公式给出，即

$$\frac{d\sigma_{\rm el}}{d\Omega} = |f|^2 = \left| \frac{1}{K} \sum_{l=0}^{\infty} (2l + 1)\exp(i\eta_1)\sin\eta_1 P_1(\cos\theta) \right|^2 \tag{10.13}$$

当然，这一结果也可以通过求解中心场的薛定谔方程直接获得。上面的求解过程也是我们已知的分波展开法。需要注意的是，不管是分波展开法还是相对论分波展开法均需要采用数值方法，因为这两种方法均不能给出计算微分弹性散射截面的任何解析公式。此外，这两种情况下，Dirac – Hartree – Fock – Slater 数值方法是一种用于计算屏蔽原子核势的典型方法。对于屏蔽原子核势，Salvat 等人[7] 提出的简单公式也是另一种非常有用的方法，该方法对于周期表中的所有元素均有效，这意味着该公式是对 Dirac – Hartree – Fock – Slater 数值计算的电势(见 10.2 节)的很好拟合。

值得注意的是，在固体分子中，微分弹性散射截面可以近似为分子中所有原子微分散射截面的总和。

10.2 Mott 截面的解析近似

考虑到由卢瑟福截面推导出的简单解析公式的优势,为 Mott 截面寻找一种类似公式的近似解也成为一种可能[8,9]。对于低原子序数的元素及一些氧化物,Mott 微分弹性散射截面可由下式粗略地近似,即

$$\frac{\mathrm{d}\sigma_{el}}{\mathrm{d}\Omega} = \frac{\Phi}{(1 - \cos\theta + \Psi)^2} \tag{10.14}$$

式中:未知参量 Φ 和 Ψ 可以通过拟合前面由 RPWEM 计算得到的总的和一阶输运弹性散射截面获得,有

$$\Phi = \frac{Z^2 e^2}{4E^2} \tag{10.15}$$

和

$$\Psi = \frac{me^4 \pi^2 Z^{2/3}}{h^2 E} \tag{10.16}$$

式(10.14)变成了屏蔽卢瑟福公式。

由 Mott 理论之前计算的总弹性散射截面和输运弹性散射截面,从另一方面允许我们通过 Φ 和 Ψ 近似计算 Mott 理论[8]。从式(3.2)中可以得到

$$\sigma_{el} = \frac{4\pi\Phi}{\Psi(\Psi + 2)} \tag{10.17}$$

因此,微分弹性散射截面可以重新写为

$$\frac{\mathrm{d}\sigma_{el}}{\mathrm{d}\Omega} = \frac{\sigma_{el}}{4\pi} \frac{\Psi(\Psi + 2)}{(1 - \cos\theta + \Psi)^2} \tag{10.18}$$

采用式(3.3)和式(10.18),可以获得输运弹性散射截面和总弹性散射截面的比值 Ξ,即

$$\Xi \equiv \frac{\sigma_{tr}}{\sigma_{el}} = \Psi\left[\frac{\Psi + 2}{2}\ln\left(\frac{\Psi + 2}{\Psi}\right) - 1\right] \tag{10.19}$$

一旦通过 RPWEM 数值计算获得了总弹性散射截面和输运弹性散射截面,比值 Ξ 就由电子的动能 E 决定。按照这种方法,可以得到以 E 为函数的屏蔽因子 Ψ(采用二分算法)。Φ 可由式(10.17)获得。

10.3 原子势

为了计算原子势,需要采用自洽 Dirac – Hartree – Fock – Slater 场。为了节省计算时间,可以采用 Salvat 等人[7] 提出的解析近似值替代 Dirac – Hartree –

Fock – Slater 场。Salvat 等人提出的原子势是 Yukawa 的原子势的叠加,Yukawa 等人提出的原子势依赖于一系列的参量,这些参量由数值计算的自洽 Dirac – Hartree – Fock – Slater 场拟合确定。原子势可以表达为纯的库仑势乘以函数 $\psi(r)$,$\psi(r)$ 近似为由轨道电子屏蔽的原子核。Salvat 等人的屏蔽函数为

$$\psi(r) = \sum_{i=1}^{3} A_i \exp(-\alpha_i r) \tag{10.20}$$

在参考文献[7]中可以得到周期表中所有元素的 A_i 和 α_i。

10.4 电子交换

由于电子属于同一类粒子,因此必须考虑电子的交换效应。当入射电子被原子捕获并产生新的电子时,这一效应就会发生。通过在上面描述的原子势上增加电子交换势,就可以很好地描述交换效应,Furness 和 McCarthy 给出的交换势[10]为

$$V_{ex} = \frac{1}{2}(E - V) - \frac{1}{2}\left[(E - V)^2 + 4\pi\rho e^2 \hbar^2/m\right]^{1/2} \tag{10.21}$$

式中:E 为电子能量;V 为静电势;ρ 为原子中电子密度(由泊松方程获得);e 为电子电荷量。

10.5 固态效应

对于被束缚在固体中的原子,外轨道已经被更改,所以必须引入固态效应。在所谓的 muffin – tin 模型中,固体中每个原子的电势都会被临近原子所改变。如果假设最临近的原子位于距离为 $2r_{\omega s}$ 的位置,其中 $r_{\omega s}$ 为 Wigner – Seitz 球半径[11],对于 $r \leqslant r_{\omega s}$,电势可以由下面的式子计算,即

$$V_{solid}(r \leqslant r_{\omega s}) = V(r) + V(2r_{\omega s} - r) - 2V(r_{\omega s}) \tag{10.22}$$

在 Wigner – Seitz 球的半径以外,该电势等于 0,即

$$V_{solid}(r \geqslant r_{\omega s}) = 0 \tag{10.23}$$

式(10.22)中引入的 $2V(r_{\omega s})$ 项是为了保证 $V_{solid}(r = r_{\omega s}) = 0$。根据 Salvat 和 Mayol 的理论,该电势必须减去入射电子的动能[12]。

10.6 正电子微分弹性散射截面

电子微分弹性散射截面表现出了衍射状结构。它是由入射电子与原子的电

子云相互作用引起的一种典型的量子 – 力学现象。相反,正电子的弹性散射截面是类似卢瑟福公式的单调减函数[13,14]。这一差异是由于电子和正电子电荷符号的差异。正电子是被原子核排斥的,因此它们并不能像电子一样很深地穿透到原子的电子云中。由于电子能更深地穿透到原子中的电子中心,因此相对于正电子,电子离核更近。因此,电子可以绕核运动一周或多周。所以,电子是一种辐射波,它是入射波和散射波的叠加,在背向也会表现出干涉效应。这仅仅是半经典理论的表述,它可以定性地解释在弹性散射中为什么原子的电子云对电子的影响要比正电子严重。

10.7　小结

本章介绍了 Mott 理论[1]。它可用于计算电子的弹性散射截面。同时,本章还介绍了电子交换和固态效应,并讨论了电子和正电子弹性散射截面的差异。

参 考 文 献

[1] N. F. Mott,Proc. R. Soc. London Ser. 124,425(1929).

[2] A. Jablonski,F. Salvat,C. J. Powell,J. Phys. Chem. Ref. Data 33,409(2004).

[3] M. Dapor,J. Appl. Phys. 79,8406(1996).

[4] M. Dapor,*Electron – Beam Interactions with Solids*: *Application of the Monte Carlo Method to Electron Scattering Problems*(Springer,Berlin,2003).

[5] S. – R. Lin,N. Sherman,J. K. Percus,Nucl. Phys. 45,492(1963).

[6] P. J. Bunyan,J. L. Schonfelder,Proc. Phys. Soc. 85,455(1965).

[7] F. Salvat,J. D. Martínez,R. Mayol,J. Parellada,Phys. Rev. A 36,467(1987).

[8] J. Baró,J. Sempau,J. M. Fernández – Varea,F. Salvat,Nucl. Instrum. Methods Phys. Res. B 84,465(1994).

[9] M. Dapor,Phys. Lett. A 333,457(2004).

[10] J. B. Furness,I. E. McCarthy,J. Phys. B 6,2280(1973).

[11] N. Ashcroft,N. D. Mermin,*Solid State Physics*(W. B Saunders,Philadelphia,1976).

[12] F. Salvat,R. Mayol,Comput. Phys. Commun. 74,358(1993).

[13] M. Dapor,A. Miotello,At. Data Nucl. Data Tables 69,1(1998).

[14] M. Dapor,J. Electron Spectrosc. Relat. Phenom. 151,182(2006).

第 11 章
附录 B：Fröhlich 理论

Fröhlich 理论最早的版本可以参见文献[1]，更多的细节可参见文献[2]。在 Fröhlich 理论中，对于电子 – 声子的相互作用主要关注的是自由电子与径向光学模式的晶格振动间的相互作用。该互作用同时考虑了声子的产生及湮灭，分别对应电子能量损失和电子能量增益。由于声子产生的概率远大于声子吸收的概率，因此，在蒙特卡罗模拟中通常忽略声子的吸收。此外，基于 Ganachaud 和 Mokrani 的观点[3]，在光频支上可以忽略径向声子的色散关系，这样可以采用单声子频率。事实上，Fröhlich 理论对于所有的动量均采用了单频值，对应于平坦的径向光频支。这一近似是合理的，并且得到了实验的验证（如：Fujii 等人[4]对于离子晶体 AgBr 的实验）。在半导体中，径向光频支也是平坦的，同样被实验（如：Nilsson 和 Neil 对于 Ge[5] 和 Si[6] 的实验）和理论（如 Gianozzi 等人关于 Si、Ge、GaAs、AlAs、GaSb、AlSb 的理论[7]）证实。

11.1　晶格场中的电子：哈密顿互作用

基于 Fröhlich 理论[1]，电子在介质材料中输运时，会使媒质产生极化，极化也会影响带电粒子。假定 $\mathcal{P}(r)$ 代表电极化强度，产生电位移矢量的唯一源是自由电荷，$\mathcal{D}(r) = \mathcal{E}(r) + 4\pi\mathcal{P}(r)$。如果 r_{el} 代表单个自由电子的位置，则

$$\nabla \cdot \mathcal{D} = -4\pi e\delta(r - r_{el}) \tag{11.1}$$

式中：e 为电子电荷。电极化强度可以写成

$$\mathcal{P}(r) = \mathcal{P}_{uv}(r) + \mathcal{P}_{ir}(r) \tag{11.2}$$

式中：极化 $\mathcal{P}_{uv}(r)$ 和 $\mathcal{P}_{ir}(r)$ 分别对应于紫外（原子极化）光学吸收和红外（位移极化）光学吸收[8]。它们满足谐波振荡方程，即

$$\frac{d^2\mathcal{P}_{uv}(r)}{dt^2} + \omega_{uv}^2\mathcal{P}_{uv}(r) = \frac{\mathcal{D}(r, r_{el})}{\delta} \tag{11.3}$$

$$\frac{\mathrm{d}^2 \mathcal{P}_{ir}(\boldsymbol{r})}{\mathrm{d}t^2} + \omega^2 \mathcal{P}_{ir}(\boldsymbol{r}) = \frac{\mathcal{D}(\boldsymbol{r}, \boldsymbol{r}_{el})}{\gamma} \tag{11.4}$$

在式(11.3)和式(11.4)中,ω_{uv}(原子形变)和ω(原子位移)分别是紫外和红外光学吸收的角频率,δ 和 γ 是与介电函数相关的常数。

为了确定这些常数,首先考虑静态情况,ε_0 表示静态介电常数,因此

$$\mathcal{D}(\boldsymbol{r}) = \varepsilon_0 \mathcal{E}(\boldsymbol{r}) \tag{11.5}$$

则

$$4\pi \mathcal{P}(\boldsymbol{r}) = \left[1 - \frac{1}{\varepsilon_0}\right] \mathcal{D}(\boldsymbol{r}) \tag{11.6}$$

此外,假设高频介电常数 ε_∞ 由外场的角频率 ω_∞ 决定,ω_∞ 比原子的激发频率 ω_{uv} 低,比晶格振动频率 ω 高[8]。并且有 $\mathcal{P}_{ir} \approx 0$,$\mathrm{d}^2 \mathcal{P}_{uv}/\mathrm{d}t^2 \ll \omega_{uv}^2 \mathcal{P}_{uv}(\boldsymbol{r})$ 和 $\mathcal{D}(\boldsymbol{r}) = \varepsilon_\infty \mathcal{E}(\boldsymbol{r})$,其中,$\varepsilon_\infty$ 为高频介电常数($\varepsilon_\infty^{1/2}$ 为折射系数)。因此,可以近似地假定 $\mathcal{P}_{uv}(\boldsymbol{r})$ 与相同强度下静态场的值相同[1],即

$$4\pi \mathcal{P}_{uv}(\boldsymbol{r}) = \left[1 - \frac{1}{\varepsilon_\infty}\right] \mathcal{D}(\boldsymbol{r}) \tag{11.7}$$

所以

$$4\pi \mathcal{P}_{ir}(\boldsymbol{r}) = \left[\frac{1}{\varepsilon_\infty} - \frac{1}{\varepsilon_0}\right] \mathcal{D}(\boldsymbol{r}) \tag{11.8}$$

因此,在静态情况下,$\mathrm{d}^2 \mathcal{P}_{uv}/\mathrm{d}t^2 = 0$ 和 $\mathrm{d}^2 \mathcal{P}_{ir}/\mathrm{d}t^2 = 0$

$$\mathcal{P}_{uv}(\boldsymbol{r}) = \frac{\mathcal{D}(\boldsymbol{r})}{\delta \omega_{uv}^2} \tag{11.9}$$

$$\mathcal{P}_{ir}(\boldsymbol{r}) = \frac{\mathcal{D}(\boldsymbol{r})}{\gamma \omega^2} \tag{11.10}$$

因此,可以得到

$$\frac{1}{\delta} = \frac{\omega_{uv}^2}{4\pi}\left(1 - \frac{1}{\varepsilon_\infty}\right) \tag{11.11}$$

$$\frac{1}{\gamma} = \frac{\omega^2}{4\pi}\left(\frac{1}{\varepsilon_\infty} - \frac{1}{\varepsilon_0}\right) \tag{11.12}$$

为了描述慢电子与离子晶格场的相互作用,Fröhlich 考虑了红外对极化的贡献,并引入了复数场 $\mathcal{B}(\boldsymbol{r})$,即

$$\mathcal{B}(\boldsymbol{r}) = \sqrt{\frac{\gamma \omega}{2\hbar}}\left(\mathcal{P}_{ir}(\boldsymbol{r}) + \frac{\mathrm{i}}{\omega}\frac{\mathrm{d}\mathcal{P}_{ir}(\boldsymbol{r})}{\mathrm{d}t}\right) \tag{11.13}$$

声子湮灭算子 a_q 由下式定义,即

$$\mathcal{B}(\boldsymbol{r}) = \sum_q \frac{\boldsymbol{q}}{q} a_q \frac{\exp(\mathrm{i}\boldsymbol{q} \cdot \boldsymbol{r})}{\sqrt{V}} \tag{11.14}$$

式中,$\mathcal{B}(r)$ 与体积为 V 的立方体的边界条件有关。因此

$$\left(\mathcal{P}_{ir}(r) + \frac{i}{\omega}\frac{d\mathcal{P}_{ir}(r)}{dt}\right) = \sqrt{\frac{2\hbar}{\gamma\omega V}}\sum_q \frac{q}{q}a_q\exp(iq\cdot r) \quad (11.15)$$

式(11.15)中代入厄米伴随矩阵,可以得到

$$\left(\mathcal{P}_{ir}(r) - \frac{i}{\omega}\frac{d\mathcal{P}_{ir}(r)}{dt}\right) = \sqrt{\frac{2\hbar}{\gamma\omega V}}\sum_q \frac{q}{q}a_q^\dagger\exp(iq\cdot r) \quad (11.16)$$

因此

$$\mathcal{P}_{ir}(r) = \sqrt{\frac{\hbar}{2\gamma\omega V}}\sum_q \hat{q}[a_q\exp(iq\cdot r) + a_q^\dagger\exp(-iq\cdot r)] \quad (11.17)$$

其中

$$\hat{q} = \frac{q}{q} \quad (11.18)$$

且

$$q_i = \frac{2\pi}{L}n_i \quad (11.19)$$

其中,$n_i = 0, \pm 1, \pm 2, \cdots$;$L = V^{1/3}$。$a_q^\dagger$ 代表声子产生算子。

为了写成互作用哈密顿算符 $\mathcal{H}_{inter}$ 的关系,我们观察到位移矢量$\mathcal{D}$是一个决定晶体极化的外部场。当没有自由电荷时,$\mathcal{D} = 0$,电势 ϕ_{ir} 可以写成

$$-4\pi\mathcal{P}_{ir} = \mathcal{E} = -\nabla\phi_{ir} \quad (11.20)$$

因此

$$\mathcal{H}_{inter} = e\phi_{ir} = 4\pi i\sqrt{\frac{\hbar e^2}{2\gamma\omega V}}\sum_q \frac{1}{q}[a_q^\dagger\exp(-iq\cdot r) - a_q\exp(iq\cdot r)]$$

$$(11.21)$$

式中:$q\neq 0$。

11.2 电子–声子散射截面

如果 ω 代表晶格径向光学振动的角频率,那么温度 T 下的平均声子数量由占据函数给出,即

$$n(T) = \frac{1}{\exp(\hbar\omega/k_B T) - 1} \quad (11.22)$$

式中:k_B 为玻耳兹曼常数。Fröhlich 理论[1]采用了微扰法,假定电子–晶格间的耦合很弱。如果以导带底进行测量,电子能量为

$$E_k = \frac{\hbar^2 k^2}{2m^*} \quad (11.23)$$

式中:m^* 为电子有效质量;k 为电子波数,则无微扰的电子波函数可以写为

$$|k\rangle = \frac{\exp(ik \cdot r)}{V^{1/2}} \tag{11.24}$$

式中:V 为包含电子的立方体体积。根据 Fröhlich 理论[1],互作用哈密顿算符由等式(11.21)给出,即

$$\mathcal{H}_{\text{inter}} = 4\pi i \sqrt{\frac{e^2\hbar}{2\gamma\omega V}} \sum_q \frac{1}{q} \left[a_q^{\dagger}\exp(-iq \cdot r) - a_q\exp(iq \cdot r) \right]$$

式中:$q \neq 0$ 为声子波数;$a_q^{\dagger}$ 和 a_q 分别为声子产生和湮灭的算子;γ 与静态介电常数 ε_0 和高频介电常数 ε_∞ 有关,由等式(11.12)给出,即

$$\frac{1}{\gamma} = \frac{\omega^2}{4\pi}\left(\frac{1}{\varepsilon_\infty} - \frac{1}{\varepsilon_0}\right)$$

为了计算从 $|k\rangle$ 态到 $|k'\rangle$ 态的迁移率 $W_{kk'}$,Llacer 和 Garwin[2] 采用了微扰理论的标准值。对于声子湮灭的情况,对应电子能量的增加,频率为

$$\beta = \frac{E_{k'} - E_k - \hbar\omega}{2\hbar} \tag{11.25}$$

同时,对于声子产生(电子能量损失),频率由下式给出,即

$$\beta = \frac{E_{k'} - E_k + \hbar\omega}{2\hbar} \tag{11.26}$$

迁移率可以写成

$$W_{kk'} = \frac{|M_{kk'}|^2}{\hbar^2} \frac{\partial}{\partial t}\left(\frac{\sin^2\beta t}{\beta^2}\right) \tag{11.27}$$

式中:$M_{kk'}$ 为从 k 态向 k' 态迁移的矩阵元素,可以采用互作用的哈密顿算符计算。

式(11.21)考虑了声子产生算子和湮灭算子的特性,有

$$a_q|n\rangle = \sqrt{n}\,|n-1\rangle \tag{11.28}$$

$$a_q^{\dagger}|n\rangle = \sqrt{n+1}\,|n+1\rangle \tag{11.29}$$

利用矢量 $|n(T)\rangle$ 满足的正交归一化条件,即

$$\langle n|n\rangle = 1 \tag{11.30}$$

$$\langle n|n+m\rangle = 0 \tag{11.31}$$

式中:m 为不为 0 的任意整数。

对于声子湮灭(电子能量增加)的情况,波数为 $q, k' = k + q$,有

$$M_{kk'} = 4\pi i \sqrt{\frac{e^2\hbar}{2\gamma\omega V}}\,\frac{\sqrt{n(T)}}{q} \tag{11.32}$$

而对于声子产生(电子能量损失)的情况,波数为 $q, k' = k - q$,有

$$M_{kk'} = -4\pi i \sqrt{\frac{e^2 \hbar}{2\gamma\omega V}} \frac{\sqrt{n(T)+1}}{q} \tag{11.33}$$

从 k 态到所有可能的 k' 态的总散射率可以通过 q 的积分获得。首先对于声子湮灭情况下计算积分,有

$$W_k^- = \int_{q_{min}}^{q_{max}} \mathrm{d}q \int_0^{2\pi} \mathrm{d}\phi \int_0^\pi \frac{16\pi^2 e^2}{2\hbar\gamma\omega V} \frac{n(T)}{q^2} \frac{\partial}{\partial t} \frac{\sin^2\beta t}{\beta^2} \frac{V}{8\pi^3} q^2 \sin\alpha \mathrm{d}\alpha \tag{11.34}$$

注意,α 代表 k 方向和 q 方向间的夹角,同时采用符号 θ 代表 k 和 k' 间的夹角。有

$$k'^2 = k^2 + q^2 - 2kq\cos\alpha \tag{11.35}$$

通过简单的代数运算,可以得到

$$\beta = \frac{\hbar}{4m^*}q^2 - \frac{\hbar}{2m^*}kq\cos\alpha - \frac{\omega}{2} \tag{11.36}$$

所以

$$\sin\alpha \mathrm{d}\alpha = \frac{2m^*}{\hbar}\frac{1}{kq}\mathrm{d}\beta \tag{11.37}$$

因此

$$W_k^- = \int_{q_{min}}^{q_{max}} \mathrm{d}q \int_{\beta_{min}}^{\beta_{max}} \frac{4m^* e^2 n(T)}{\hbar^2 \gamma\omega} \frac{1}{kq} \frac{\partial}{\partial t} \frac{\sin^2\beta t}{\beta^2} \mathrm{d}\beta \tag{11.38}$$

其中

$$\beta_{min} = \frac{\hbar}{4m^*}q^2 - \frac{\hbar}{2m^*}kq - \frac{\omega}{2} \tag{11.39}$$

和

$$\beta_{max} = \frac{\hbar}{4m^*}q^2 + \frac{\hbar}{2m^*}kq - \frac{\omega}{2} \tag{11.40}$$

则有

$$\int_{\beta_{min}}^{\beta_{max}} \frac{\partial}{\partial t} \frac{\sin^2\beta t}{\beta^2} \mathrm{d}\beta = \int_{\beta_{min}}^{\beta_{max}} \frac{\sin 2\beta t}{\beta} \mathrm{d}\beta = \int_{\beta_{min}}^{\beta_{max}} \frac{\sin(2\beta t)}{(2\beta t)} 2t \mathrm{d}\beta$$

$$= \int_{2\beta_{min}t}^{2\beta_{max}t} \frac{\sin x}{x} \mathrm{d}x = \int_0^{2\beta_{max}t} \frac{\sin x}{x} \mathrm{d}x - \int_0^{2\beta_{min}t} \frac{\sin x}{x} \mathrm{d}x$$

为了计算上式,需要知道积分限 q_{min} 和 q_{max}。积分的范围可以通过能量守恒定律获得,$E_k' = E_k + \hbar\omega$,对应于 $\beta = 0$。

由于 $\cos\alpha$ 的值在 $-1 \sim +1$ 之间,积分范围满足下面等式,即

$$q^2 + 2kq - \frac{k^2 \hbar\omega}{E_k} = 0 \tag{11.41}$$

$$q^2 - 2kq - \frac{k^2 \hbar\omega}{E_k} = 0 \tag{11.42}$$

由于 q 取正值

$$q_{min} = k\left(\sqrt{1 + \frac{\hbar\omega}{E_k}} - 1\right) \tag{11.43}$$

$$q_{max} = k\left(\sqrt{1 + \frac{\hbar\omega}{E_k}} + 1\right) \tag{11.44}$$

在 β_{min} 和 β_{max} 的定义中代入上述积分范围,可以看到 $\beta_{min} \leq 0$ 和 $\beta_{max} \geq 0$,则

$$\lim_{t\to\infty}\int_{\beta_{min}}^{\beta_{max}} \frac{\partial}{\partial t} \frac{\sin^2\beta t}{\beta^2}d\beta = \lim_{t\to\infty}\left(\int_0^{2\beta_{max}t} \frac{\sin x}{x}dx - \int_0^{2\beta_{min}t} \frac{\sin x}{x}dx\right)$$

$$= \int_0^{+\infty} \frac{\sin x}{x}dx - \int_0^{-\infty} \frac{\sin x}{x}dx$$

$$= si(+\infty) - si(-\infty) = \frac{\pi}{2} - \left(-\frac{\pi}{2}\right) = \pi$$

所以

$$W_k^- = \int_{q_{min}}^{q_{max}} \frac{4\pi m^* e^2 n(T)}{\hbar^2 \gamma \omega} \frac{1}{kq}dq \tag{11.45}$$

因此,对于声子湮灭(电子能量增加)的总散射率可以归纳为

$$W_k^- = \frac{4\pi e^2 m^* n(T)}{\hbar^2 \gamma \omega k}\ln\left(\frac{\sqrt{1 + \hbar\omega/E_k} + 1}{\sqrt{1 + \hbar\omega/E_k} - 1}\right) \tag{11.46}$$

这与声子产生(电子能量损失)的情况是类似的。

需要记住的是,在这种情况下,我们在 k 态跃迁到 k' 态的矩阵元素中采用了 $\sqrt{n(T) + 1}$ 代替 $\sqrt{n(T)}$。此外,在该情况下

$$\beta = \frac{1}{2\hbar}[E_{k'} - (E_k + \hbar\omega)] = \frac{\hbar}{4m^*}q^2 - \frac{\hbar}{2m^*}kq\cos\alpha + \frac{\omega}{2} \tag{11.47}$$

所以

$$q_{min} = k\left(1 - \sqrt{1 - \frac{\hbar\omega}{E_k}}\right) \tag{11.48}$$

$$q_{max} = k\left(1 + \sqrt{1 - \frac{\hbar\omega}{E_k}}\right) \tag{11.49}$$

则

$$W_k^+ = \frac{4\pi e^2 m^*[n(T) + 1]}{\hbar^2 \gamma \omega k}\ln\left(\frac{1 + \sqrt{1 - \hbar\omega/E_k}}{1 - \sqrt{1 - \hbar\omega/E_k}}\right) \tag{11.50}$$

对于散射的角分布,当 k 和 k' 之间的角度为 θ 时,有

$$q^2 = k^2 + k'^2 - 2kk'\cos\theta \tag{11.51}$$

则

$$qdq = kk'\sin\theta d\theta \tag{11.52}$$

从 $\theta \sim \theta + \mathrm{d}\theta$ 间的散射概率可以由式(11.45)的积分计算,即

$$A\frac{\mathrm{d}q}{kq} = A\frac{q}{k}\frac{\mathrm{d}q}{q^2} = A\frac{kk'\sin\theta\mathrm{d}\theta}{k(k^2 + k'^2 - 2kk'\cos\theta)}$$

$$= A\frac{k'\sin\theta\mathrm{d}\theta}{k^2 + k'^2 - 2kk'\cos\theta}$$

对于声子湮灭有

$$A = \frac{4\pi e^2 m^* n(T)}{\hbar^2 \gamma \omega} \tag{11.53}$$

以类似的方法考虑声子产生,这两种情况下,角分布存在一定比例,即

$$\mathrm{d}\eta = \frac{E_{k'}^{1/2}\sin\theta\mathrm{d}\theta}{E_k + E_{k'} - 2(E_k E_{k'})^{1/2}\cos\theta} \tag{11.54}$$

电子–声子碰撞后,新的角度 θ' 由角度分布的倒数决定。若 μ 表示累积概率,有

$$\mu = \frac{\int_0^{\theta'}\mathrm{d}\eta}{\int_0^{\pi}\mathrm{d}\eta} = \frac{\int_0^{\theta'}\dfrac{E_{k'}^{1/2}\sin\theta\mathrm{d}\theta}{E_k + E_{k'} - 2(E_k E_{k'})^{1/2}\cos\theta}}{\int_0^{\pi}\dfrac{E_{k'}^{1/2}\sin\theta\mathrm{d}\theta}{E_k + E_{k'} - 2(E_k E_{k'})^{1/2}\cos\theta}} \tag{11.55}$$

并且

$$\cos\theta' = \frac{E_k + E_{k'}}{2\sqrt{E_k E_{k'}}}(1 - B^\mu) + B^\mu \tag{11.56}$$

$$B = \frac{E_k + E_{k'} + 2\sqrt{E_k E_{k'}}}{E_k + E_{k'} - 2\sqrt{E_k E_{k'}}} \tag{11.57}$$

平均自由程与从 k 态跃迁到其他所有可能的 k' 态的总的散射概率的关系为

$$\lambda_{\mathrm{phonon}} = \left(\frac{1}{v}\frac{\mathrm{d}P}{\mathrm{d}t}\right)^{-1} \tag{11.58}$$

其中 v 是电子–声子碰撞前的电子速率,即

$$v = \frac{\hbar k}{m^*} \tag{11.59}$$

且

$$\frac{\mathrm{d}P}{\mathrm{d}t} = W_k^- + W_k^+ \tag{11.60}$$

电子–声子平均自由程可以写成

$$\lambda_{\mathrm{phonon}} = \frac{\hbar k/m^*}{W_k^- + W_k^+} = \frac{\sqrt{2E_k/m^*}}{W_k^- + W_k^+} \tag{11.61}$$

105

则

$$\lambda_{phonon}^{-1} = \frac{1}{a_0}\left[\frac{\varepsilon_0 - \varepsilon_\infty}{\varepsilon_0 \varepsilon_\infty}\right]\frac{\hbar\omega}{E_k}\frac{1}{2}\left\{\left[n(T)+1\right]\ln\left[\frac{1+\sqrt{1-\hbar\omega/E_k}}{1-\sqrt{1-\hbar\omega/E_k}}\right] + n(T)\ln\left[\frac{\sqrt{1-\hbar\omega/E_k}+1}{\sqrt{1-\hbar\omega/E_k}-1}\right]\right\}$$

$$(11.62)$$

其中，假设电子有效质量 m^* 等同于自由电子的质量，即 $m^* = m$。

声子产生的概率远高于声子湮灭的概率[2,3,9]，所以可以忽略由于声子湮灭引起的电子能量增益。因此，电子－声子平均自由程可以写成

$$\lambda_{phonon} = \frac{\hbar k/m^*}{W_k^+} \tag{11.63}$$

以 $E = E_k$ 表示入射电子的能量，$W_{ph} = \hbar\omega$ 表示产生的声子能量（假设 $m^* = m$），所以可以获得由于声子产生，电子损失能量的非弹性平均自由程的倒数，即

$$\lambda_{phonon}^{-1} = \frac{1}{a_0}\frac{\varepsilon_0 - \varepsilon_\infty}{\varepsilon_0 \varepsilon_\infty}\frac{W_{ph}}{E}\frac{n(T)+1}{2}\ln\left[\frac{1+\sqrt{1-W_{ph}/E}}{1-\sqrt{1-W_{ph}/E}}\right] \tag{11.64}$$

式（11.64）可用于本书中涉及的绝缘体二次电子发射的蒙特卡罗模拟[3,9,10]。

11.3　小结

本章给出了自由电子与径向光学模式的晶格振动相互作用的 Fröhlich 理论[1,2]。采用该理论描述了声子产生和声子湮灭，及相对应的电子能量损失和电子能量增益。

参 考 文 献

［1］ H. Frölich, Adv. Phys. 3,325(1954).

［2］ J. Llacer, E. L. Garwin, J. Appl. Phys. 40,2766(1969).

［3］ J. P. Ganachaud, A. Mokrani, Surf. Sci. 334,329(1995).

［4］ Y. Fujii, S. Hoshino, S. Sakuragi, H. Kanzaki, J. W. Lynn, G. Shirane, Phys. Rev. B 15,358(1977).

［5］ G. Nilsson, G. Nelin, Phys. Rev. B 3,364(1971).

［6］ G. Nilsson, G. Nelin, Phys. Rev. B 6,3777(1972).

［7］ P. Giannozzi, S. De Gironcoli, P. Pavone, S. Baroni, Phys. Rev. B 43,7231(1991).

［8］ N. Ashcroft, N. D. Mermin, *Solid State Physics*(W. B Saunders, New York,1976).

［9］ M. Dapor, M. Ciappa, W. Fichtner, J. Micro/Nanolith, MEMS MOEMS 9,023001(2010).

［10］ M. Dapor, Nucl. Instrum. Methods Phys. Res. B 269,1668(2011).

第 12 章

附录 C:Ritchie 理论

Ritchie 理论描述了固体中介电函数和电子能量损失之间的关系。它可用于计算微分非弹性平均自由程的倒数、弹性平均自由程和阻止本领。Ritchie 理论的原始版本可查阅文献[1],详细的描述可查阅文献[2-6]。

12.1　能量损失和介电函数

当电子在固体中输运并损失能量时,传导电子整体对电磁场分布的响应可通过复介电函数 $\varepsilon(\boldsymbol{k},\omega)$ 描述,其中 $\boldsymbol{k}$ 是波矢,ω 是电磁场的频率。假设在某个时刻 t,电子的位置为 $\boldsymbol{r}$,速度为 $\boldsymbol{v}$,e 代表电子电荷,则电子在固体中的输运可通过下面的电荷分布表示,即

$$\rho(\boldsymbol{r},t) = -e\delta(\boldsymbol{r}-\boldsymbol{v}t) \tag{12.1}$$

在媒质中产生的电势 φ 的计算公式为[①]

$$\varepsilon(\boldsymbol{k},\omega)\nabla^2\varphi(\boldsymbol{r},t) = -4\pi\rho(\boldsymbol{r},t) \tag{12.2}$$

在傅里叶空间,我们有

$$\varphi(\boldsymbol{k},\omega) = -\frac{8\pi^2 e}{\varepsilon(\boldsymbol{k},\omega)}\frac{\delta(\boldsymbol{k}\cdot\boldsymbol{v}+\omega)}{k^2} \tag{12.3}$$

实际上,一方面

$$\varphi(\boldsymbol{r},t) = \frac{1}{(2\pi)^4}\int d^3k \int_{-\infty}^{+\infty} d\omega \exp[i(\boldsymbol{k}\cdot\boldsymbol{r}+\omega t)]\varphi(\boldsymbol{k},\omega) \tag{12.4}$$

则

$$\nabla^2\varphi(\boldsymbol{r},t) = -\frac{1}{(2\pi)^4}\int d^3k \int_{-\infty}^{+\infty} d\omega \exp[i(\boldsymbol{k}\cdot\boldsymbol{r}+\omega t)]k^2\varphi(\boldsymbol{k},\omega) \tag{12.5}$$

另一方面

---

① 由于选定标准矢量势为零。

107

$$\rho(\boldsymbol{k},\omega) = \int \mathrm{d}^3 r \int_{-\infty}^{+\infty} \mathrm{d}t \exp[-\mathrm{i}(\boldsymbol{k}\cdot\boldsymbol{r}+\omega t)]\rho(\boldsymbol{r},t)$$

$$= \int \mathrm{d}^3 r \int_{-\infty}^{+\infty} \mathrm{d}t \exp[-\mathrm{i}(\boldsymbol{k}\cdot\boldsymbol{r}+\omega t)][-e\delta(\boldsymbol{r}-\boldsymbol{v}t)] \tag{12.6}$$

$$= -2\pi e \frac{1}{2\pi} \int_{-\infty}^{+\infty} \mathrm{d}t \exp[-\mathrm{i}(\boldsymbol{k}\cdot\boldsymbol{v}+\omega)t]$$

$$= -2\pi e \delta(\boldsymbol{k}\cdot\boldsymbol{v}+\omega)$$

则

$$\rho(\boldsymbol{r},t) = \frac{1}{(2\pi)^4}\int \mathrm{d}^3 k \int_{-\infty}^{+\infty} \mathrm{d}\omega \exp[\mathrm{i}(\boldsymbol{k}\cdot\boldsymbol{r}+\omega t)][-2\pi e\delta(\boldsymbol{k}\cdot\boldsymbol{v}+\omega)] \tag{12.7}$$

采用式(12.2)、式(12.5)和式(12.7)，可以得到

$$\varepsilon(\boldsymbol{k},\omega)k^2\varphi(\boldsymbol{k},\omega) = -8\pi^2 e\delta(\boldsymbol{k}\cdot\boldsymbol{v}+\omega) \tag{12.8}$$

式(12.8)等同于式(12.3)。

当电子在固体中输运时产生了电场$\boldsymbol{\mathcal{E}}$，我们感兴趣的是，计算电子与电场相互作用的能量损失 $-\mathrm{d}E$。假定$\mathcal{F}_z$代表z向的电场分量，因此有

$$-\mathrm{d}E = \mathcal{F}\cdot\mathrm{d}\boldsymbol{r} = \mathcal{F}_z\mathrm{d}z \tag{12.9}$$

此处及下面公式中需要注意的是，电场力(和电场$\boldsymbol{\mathcal{E}} = \mathcal{F}/e$)是在$\boldsymbol{r} = \boldsymbol{v}t$处的电场力。由于

$$\mathcal{E}_z\mathrm{d}z = \frac{\mathrm{d}z}{\mathrm{d}t}\mathrm{d}t\,\mathcal{E}_z = \frac{\mathrm{d}\boldsymbol{r}}{\mathrm{d}t}\cdot\boldsymbol{\mathcal{E}}\,\mathrm{d}t = \frac{\boldsymbol{v}\cdot\boldsymbol{\mathcal{E}}}{v}\mathrm{d}z \tag{12.10}$$

单位步长$\mathrm{d}z$的能量损失为$-\mathrm{d}E$，$-\mathrm{d}E/\mathrm{d}z$由下式给出，即

$$-\frac{\mathrm{d}E}{\mathrm{d}z} = \frac{e}{v}\boldsymbol{v}\cdot\boldsymbol{\mathcal{E}} \tag{12.11}$$

由于

$$\boldsymbol{\mathcal{E}} = -\nabla\varphi(\boldsymbol{r},t) \tag{12.12}$$

$\varphi(\boldsymbol{k},\omega)$是$\varphi(\boldsymbol{r},\omega)$的傅里叶变换(式(12.4))，则

$$\boldsymbol{\mathcal{E}} = -\nabla\left\{\frac{1}{(2\pi)^4}\int \mathrm{d}^3 k \int_{-\infty}^{+\infty} \mathrm{d}\omega \exp[\mathrm{i}(\boldsymbol{k}\cdot\boldsymbol{r}+\omega t)]\varphi(\boldsymbol{k},\omega)\right\} \tag{12.13}$$

因此

$$-\frac{\mathrm{d}E}{\mathrm{d}z} = \mathrm{Re}\left\{-\frac{8\pi^2 e^2}{(2\pi)^4 v}\int \mathrm{d}^3 k \int_{-\infty}^{+\infty} \mathrm{d}\omega(-\nabla)\exp[\mathrm{i}(\boldsymbol{k}\cdot\boldsymbol{v}t+\omega t)]\cdot\boldsymbol{v}\frac{\delta(\boldsymbol{k}\cdot\boldsymbol{v}+\omega)}{k^2\varepsilon(\boldsymbol{k},\omega)}\bigg|_{\boldsymbol{r}=\boldsymbol{v}t}\right\}$$

$$= \mathrm{Re}\left\{-\frac{8\pi^2 e^2}{(2\pi)^4 v}\int \mathrm{d}^3 k \int_{-\infty}^{+\infty} \mathrm{d}\omega(-\mathrm{i}\boldsymbol{k})\cdot\boldsymbol{v}\exp[\mathrm{i}(\boldsymbol{k}\cdot\boldsymbol{r}+\omega t)]\frac{\delta(\boldsymbol{k}\cdot\boldsymbol{v}+\omega)}{k^2\varepsilon(\boldsymbol{k},\omega)}\bigg|_{\boldsymbol{r}=\boldsymbol{v}t}\right\}$$

$$= \mathrm{Re}\left\{\frac{\mathrm{i}8\pi^2 e^2}{16\pi^4 v}\int \mathrm{d}^3 k \int_{-\infty}^{+\infty} \mathrm{d}\omega(\boldsymbol{k}\cdot\boldsymbol{v})\exp[\mathrm{i}(\boldsymbol{k}\cdot\boldsymbol{r}+\omega t)]\frac{\delta(\boldsymbol{k}\cdot\boldsymbol{v}+\omega)}{k^2\varepsilon(\boldsymbol{k},\omega)}\bigg|_{\boldsymbol{r}=\boldsymbol{v}t}\right\}$$

$$\tag{12.14}$$

考虑到:(1)电场在 $r = vt$ 处计算;(2)$\delta(\boldsymbol{k} \cdot \boldsymbol{v} + \omega)$ 分布存在被积函数,有

$$
\begin{aligned}
-\frac{\mathrm{d}E}{\mathrm{d}z} &= \mathrm{Re}\left\{\frac{\mathrm{i}e^2}{2\pi^2 v}\int \mathrm{d}^3 k \int_{-\infty}^{+\infty} \mathrm{d}\omega \boldsymbol{k} \cdot \boldsymbol{v} \exp[\,\mathrm{i}(\boldsymbol{k} \cdot \boldsymbol{v}t + \omega t)\,]\frac{\delta(\boldsymbol{k} \cdot \boldsymbol{v} + \omega)}{k^2 \varepsilon(\boldsymbol{k},\omega)}\right\} \\
&= \mathrm{Re}\left\{\frac{\mathrm{i}e^2}{2\pi^2 v}\int \mathrm{d}^3 k \int_{-\infty}^{+\infty} \mathrm{d}\omega \boldsymbol{k} \cdot \boldsymbol{v} \exp[\,\mathrm{i}(-\omega t + \omega t)\,]\frac{\delta(\boldsymbol{k} \cdot \boldsymbol{v} + \omega)}{k^2 \varepsilon(\boldsymbol{k},\omega)}\right\} \\
&= \mathrm{Re}\left\{\frac{\mathrm{i}e^2}{2\pi^2 v}\int \mathrm{d}^3 k \int_{-\infty}^{+\infty} \mathrm{d}\omega(-\omega) \exp[\,\mathrm{i}(-\omega t + \omega t)\,]\frac{\delta(\boldsymbol{k} \cdot \boldsymbol{v} + \omega)}{k^2 \varepsilon(\boldsymbol{k},\omega)}\right\} \\
&= \mathrm{Re}\left\{\frac{-\mathrm{i}e^2}{2\pi^2 v}\int \mathrm{d}^3 k \int_{-\infty}^{+\infty} \mathrm{d}\omega\omega\frac{\delta(\boldsymbol{k} \cdot \boldsymbol{v} + \omega)}{k^2 \varepsilon(\boldsymbol{k},\omega)}\right\}
\end{aligned}
\tag{12.15}
$$

由于

$$
\mathrm{Re}\left\{\mathrm{i}\int_{-\infty}^{\infty} \mathrm{d}\omega\omega\frac{\delta(\boldsymbol{k} \cdot \boldsymbol{v} + \omega)}{\varepsilon(\boldsymbol{k},\omega)}\right\} = 2\mathrm{Re}\left\{\mathrm{i}\int_0^{+\infty} \mathrm{d}\omega\omega\frac{\delta(\boldsymbol{k} \cdot \boldsymbol{v} + \omega)}{\varepsilon(\boldsymbol{k},\omega)}\right\}
$$

可以总结为①

$$
-\frac{\mathrm{d}E}{\mathrm{d}z} = \frac{e^2}{\pi^2 v}\int \mathrm{d}^3 k \int_0^{\infty} \mathrm{d}\omega\omega\mathrm{Im}\left[\frac{1}{\varepsilon(\boldsymbol{k},\omega)}\right]\frac{\delta(\boldsymbol{k} \cdot \boldsymbol{v} + \omega)}{k^2}
\tag{12.16}
$$

或

$$
-\frac{\mathrm{d}E}{\mathrm{d}z} = \int_0^{\infty} \mathrm{d}\omega\omega\tau(\boldsymbol{v},\omega)
\tag{12.17}
$$

其中

$$
\tau(\boldsymbol{v},\omega) = \frac{e^2}{\pi^2 v}\int \mathrm{d}^3 k\mathrm{Im}\left[\frac{1}{\varepsilon(\boldsymbol{k},\omega)}\right]\frac{\delta(\boldsymbol{k} \cdot \boldsymbol{v} + \omega)}{k^2}
\tag{12.18}
$$

是电子以非相对论速度 $\boldsymbol{v}$ 运动[1],单位输运距离内损失能量 ω 的概率。

12.2 均匀各向同性固体

现在假设固体是均匀各向同性的,ε 是仅依赖 $\boldsymbol{k}$ 的幅度而不依赖方向的标量,即

$$
\varepsilon(\boldsymbol{k},\omega) = \varepsilon(k,\omega)
\tag{12.19}
$$

---

① 注意:对于任何复数 z 有 $\mathrm{Re}(\mathrm{i}z) = -\mathrm{Im}(z)$。

则

$$\tau(v,\omega) = \frac{e^2}{\pi^2 v}\int_0^{2\pi}\mathrm{d}\phi\int_0^{\pi}\mathrm{d}\theta\int_{k_-}^{k_+}\mathrm{d}k k^2\sin\theta\mathrm{Im}\Big[\frac{1}{\varepsilon(k,\omega)}\Big]\frac{\delta(kv\cos\theta+\omega)}{k^2}$$

$$= \frac{2e^2}{\pi v}\int_0^{\pi}\mathrm{d}\theta\int_{k_-}^{k_+}\mathrm{d}k\sin\theta\mathrm{Im}\Big[\frac{1}{\varepsilon(k,\omega)}\Big]\delta(kv\cos\theta+\omega) \tag{12.20}$$

其中

$$\hbar k_\pm = \sqrt{2mE} \pm \sqrt{2m(E-\hbar\omega)} \tag{12.21}$$

和 $E=mv^2/2$。积分的范围取决于动量守恒(见5.2.3节)。

引入新的变量 ω',定义为

$$\omega' = -kv\cos\theta \tag{12.22}$$

所以

$$\mathrm{d}\omega' = kv\sin\theta\mathrm{d}\theta \tag{12.23}$$

则

$$\tau(v,\omega) = \frac{2e^2}{\pi v}\int_{-kv}^{kv}\mathrm{d}\omega'\int_{k_-}^{k_+}\frac{\mathrm{d}k}{kv}\mathrm{Im}\Big[\frac{1}{\varepsilon(k,\omega)}\Big]\delta(-\omega'+\omega)$$

$$= \frac{2me^2}{\pi mv^2}\int_{k_-}^{k_+}\frac{\mathrm{d}k}{k}\mathrm{Im}\Big[\frac{1}{\varepsilon(k,\omega)}\Big] \tag{12.24}$$

可以写成

$$\tau(E,\omega) = \frac{me^2}{\pi E}\int_{k_-}^{k_+}\frac{\mathrm{d}k}{k}\mathrm{Im}\Big[\frac{1}{\varepsilon(k,\omega)}\Big] \tag{12.25}$$

以 $W=\hbar\omega$ 代表能量损失,$W_{\max}$ 代表最大能量损失,微分非弹性平均自由程的倒数 $\lambda_{\mathrm{inel}}^{-1}$ 可以由下式计算,即

$$\lambda_{\mathrm{inel}}^{-1} = \frac{me^2}{\pi\hbar^2 E}\int_0^{W_{\max}}\mathrm{d}\hbar\omega\int_{k_-}^{k_+}\frac{\mathrm{d}k}{k}\mathrm{Im}\Big[\frac{1}{\varepsilon(k,\omega)}\Big]$$

$$= \frac{1}{\pi a_0 E}\int_0^{W_{\max}}\mathrm{d}\hbar\omega\int_{k_-}^{k_+}\frac{\mathrm{d}k}{k}\mathrm{Im}\Big[\frac{1}{\varepsilon(k,\omega)}\Big] \tag{12.26}$$

12.3　小结

本章介绍了 Richie 理论[1],它建立了电子能量损失和介电函数之间的关系,可用于计算微分非弹性平均自由程的倒数、非弹性平均自由程和阻止本领。

参 考 文 献

［1］ R. H. Ritchie, Phys. Rev. 106,874(1957).

［2］ H. Raether, *Excitation of Plasmons and Interband Transitions by Electrons*(Springer, Berlin, 1982).

［3］ P. Sigmund, *Particle Penetration and Radiation Effects*(Springer, Berlin, 2006).

［4］ R. F. Egerton, *Electron Energy - Loss Spectroscopy in the Electron Microscope*, 3rd edn. (Springer, New York, 2011).

［5］ R. F. Egerton, Rep. Prog. Phys. 72,016502(2009).

［6］ S. Taioli, S. Simonucci, L. Calliari, M. Dapor, Phys. Rep. 493,237(2010).

第 13 章
附录 D：Chen、Kwei 和 Li 等人的理论

Chen 和 Kwei 理论的原始版本可以在文献[1]中查阅以研究向外的弹射。Li 等人[2]将其推广到向内的弹射。基于文献[3]，下面以角变量的形式重新描述了 Chen、Kwei 和 Li 等人的公式。

13.1   出射和入射电子

先考虑平行于表面的动量转移的分量 q_x 和 q_y，对于出射电子有

$$q_x = \frac{mv}{\hbar}(\theta\cos\phi\cos\alpha + \theta_E\sin\alpha) \qquad (13.1)$$

而对于入射电子有

$$q_x = \frac{mv}{\hbar}(\theta\cos\phi\cos\alpha - \theta_E\sin\alpha) \qquad (13.2)$$

出射电子和入射电子均满足

$$q_y = \frac{mv}{\hbar}\theta\sin\phi \qquad (13.3)$$

在上面这些等式中，α 为电子轨迹与靶材表面法向的夹角，θ 和 ϕ 表示极角和方位角，有

$$\theta_E = \frac{\hbar\omega}{2E} \qquad (13.4)$$

式中：E 为电子能量；$\hbar\omega$ 为能量损失。

13.2   非弹性散射的概率

如果 z 为靶材表面法向的坐标，则真空中的非弹性散射概率（非弹性平均自由程倒数的微分，DIMFP）为

112

$$P_{\text{outside}}(z,\alpha) = \frac{1}{2\pi^2 a_0 E} \int_0^{\theta_{\text{cutoff}}} \frac{\theta d\theta}{\theta^2 + \theta_E^2} \int_0^{2\pi} d\phi f(z,\theta,\phi,\alpha) \tag{13.5}$$

材料内部的非弹性散射概率为

$$P_{\text{inside}}(z,\alpha) = \frac{1}{2\pi^2 a_0 E} \int_0^{\theta_{\text{cutoff}}} \frac{\theta d\theta}{\theta^2 + \theta_E^2} \int_0^{2\pi} d\phi g(z,\theta,\phi,\alpha) \tag{13.6}$$

截止角度为 Bethe 脊角[4]，即

$$\theta_{\text{cutoff}} = \sqrt{\frac{\hbar\omega}{E}} \tag{13.7}$$

需要注意的是，在 Chen 和 Kwei 的方法中[1]，对于高动量的截止角度并没有合适的界限，它存在一个最大角度，也就是 Bethe 脊角，只有大于该角度电子才能被激发[5]。

对于出射电子，函数 $f(z,\theta,\phi,\alpha)$ 和 $g(z,\theta,\phi,\alpha)$ 可以写为

$$f(z,\theta,\phi,\alpha) = \text{Im}\left(\frac{2}{\varepsilon+1}\right) h(z,\theta,\phi,\alpha) \left[p(z,\theta,\phi,\alpha) - h(z,\theta,\phi,\alpha) \right]$$

$$\tag{13.8}$$

$$g(z,\theta,\phi,\alpha) = \text{Im}\left(\frac{2}{\varepsilon+1}\right) h^2(z,\theta,\phi,\alpha) + \text{Im}\left(\frac{1}{\varepsilon}\right) \left[1 - h^2(z,\theta,\phi,\alpha) \right]$$

$$\tag{13.9}$$

对于入射电子，相同的函数 $f(z,\theta,\phi,\alpha)$ 和 $g(z,\theta,\phi,\alpha)$ 可以写成

$$f(z,\theta,\phi,\alpha) = \text{Im}\left(\frac{2}{\varepsilon+1}\right) h^2(z,\theta,\phi,\alpha) \tag{13.10}$$

$$g(z,\theta,\phi,\alpha) = \text{Im}\left(\frac{2}{\varepsilon+1}\right) h(z,\theta,\phi,\alpha) \left[p(z,\theta,\phi,\alpha) - h(z,\theta,\phi,\alpha) \right] +$$

$$\text{Im}\left(\frac{1}{\varepsilon}\right) \left[1 - h(z,\theta,\phi,\alpha) p(z,\theta,\phi,\alpha) + h^2(z,\theta,\phi,\alpha) \right]$$

$$\tag{13.11}$$

对于出射电子，函数 $h(z,\theta,\phi,\alpha)$ 和 $p(z,\theta,\phi,\alpha)$ 依次为

$$h(z,\theta,\phi,\alpha) = \exp\left[\left(-|z|\frac{mv}{\hbar} \right) \sqrt{(\theta\cos\phi\cos\alpha + \theta_E\sin\alpha)^2 + \theta^2 \sin^2\phi} \right]$$

$$\tag{13.12}$$

$$p(z,\theta,\phi,\alpha) = 2\cos\left[\left(|z|\frac{mv}{\hbar} \right) (\theta_E\cos\alpha - \theta\cos\phi\sin\alpha) \right] \tag{13.13}$$

对于入射电子，函数 $h(z,\theta,\phi,\alpha)$ 和 $p(z,\theta,\phi,\alpha)$ 依次为

$$h(z,\theta,\phi,\alpha) = \exp\left[\left(-|z|\frac{mv}{\hbar} \right) \sqrt{(\theta\cos\phi\cos\alpha - \theta_E\sin\alpha)^2 + \theta^2 \sin^2\phi} \right]$$

$$\tag{13.14}$$

$$p(z,\theta,\phi,\alpha) = 2\cos\left[\left(|z|\frac{mv}{\hbar}\right)(\theta_E\cos\alpha + \theta\cos\phi\sin\alpha)\right] \qquad (13.15)$$

最后,$\varepsilon(\omega)$为介电函数。以硅为例,它的介电函数可由下式计算,即

$$\varepsilon(\omega) = 1 - \frac{\omega_p^2}{\omega^2 - \omega_g^2 - \mathrm{i}\Gamma\omega} \qquad (13.16)$$

式中:$\hbar\omega$ 为电子能量损失;$\hbar\omega_g$ 为价电子的平均激发能量;$\hbar\Gamma$ 为阻尼常数;$\hbar\omega_p$ 为等离激元的能量。

13.3 小结

本章基于文献[3],以角变量的形式重新描述了 Chen 和 Kwei 的关于出射电子的理论[1],及 Li 等人[2]推广的关于入射电子的理论。

参 考 文 献

[1] Y. F. Chen,C. M. Kwei,Surf. Sci. 364,131(1996).

[2] Y. C. Li,Y. H. Tu,C. M. Kwei,C. J. Tung,Surf. Sci. 589,67(2005).

[3] M. Dapor,L. Calliari,S. Fanchenko,Surf. Interface Anal. 44,1110(2012).

[4] R. F. Egerton, *Electron Energy - Loss Spectroscopy in the Electron Microscope* (Third Edition,Springer,New York,Dordrecht,Heidelberg,London,2011).

[5] L. Calliari,S. Fanchenko,Surf. Interface Anal. 44,1104(2012).

索　引

A

Allotropic form，同素异形体

Amorphous carbon，无定形碳

Auger electron spectroscopy，俄歇电子能谱

B

Backscattered electron，背散射电子

Backscattering coefficient，背散射系数

Bethe ridge，Bethe 脊

Bethe – Bloch formula，Bethe – Bloch 公式

Built – in potential，内建电势

Bulk plasmon，体等离激元

C

C_{60} – fullerite，C_{60} 富勒烯

Chen and Kwei theory，Chen 和 Kwei 理论

Continuous – slowing – down approximation，连续慢化近似

Critical dimension SEM，临界尺寸扫描电子显微镜

Cross – section，截面

D

Depth distribution，深度分布

Diamond，金刚石

Dielectric function，介电函数

Doping contrast，掺杂衬度

E

Elastic mean free path，弹性平均自由程

Elastic peak electron spectroscopy，弹性峰能量谱

Elastic scattering，弹性散射

Electron affinity,电子亲和势

Electron energy loss spectroscopy,电子能量损失谱

Energy dispersive spectroscopy,能量色散谱

Energy distribution,能量分布

Energy gain,能量增益

Energy loss,能量损失

Energyselective SEM,能量选择扫描电子显微镜

Energy straggling,能量歧离

F

Fröhlich theory,Fröhlich 理论

Full width at half maximum,半峰宽

G

Glassy carbon,玻璃碳

Graphite,石墨

I

Inelastic mean free path,非弹性平均自由程

Inelastic scatting,非弹性散射

L

Li et al. theory,Li 等人的理论

Linescan,线扫描

Linewidth measurement,线宽测量

M

Monte Carlo,蒙特卡罗

Most probable energy,最可几能量

Mott theory,Mott 理论

N

Nanometrology,纳米测量

O

Optical data,光学数据

P

Phonon,声子

Plasmon,等离激元

PMMA,聚甲基丙烯酸甲酯

Poisson statistics,泊松统计

Polaronic effect,极化效应

Positron,正电子

R

Random numbers,随机数

Relativistic partial wave expansion method,相对论分波展开法

Ritchie theory,Ritchie 理论

Rutherford cross – section,Rutherford 散射截面

S

Scanning electron microscopy,扫描电子显微镜

Secondary electron yield,二次电子发射系数

Secondary electrons,二次电子

Step – length,步长

Stopping power,阻止本领

Surface plasmon,表面等离子体

T

Transmission coefficient,传输系数

内容简介

本书是一本针对蒙特卡罗模拟电子与材料相互作用过程的专著,主要内容包括描述电子在固体中输运过程的散射截面和散射机制,蒙特卡罗策略,以及背散射系数、二次电子发射系数和二次电子能量分布的模拟及其与实验结果的比较,最后给出了模拟的相关应用。

本书内容既适合于具有一定物理电子学基础,并希望了解电子与材料相互作用模拟过程的初级入门者,又适合于研究电子与材料相互作用的相关研究者参考使用。